JN260741

事典・イギリスの橋

英文学の背景としての橋と文化

三谷康之 著

日外アソシエーツ

To My Parents

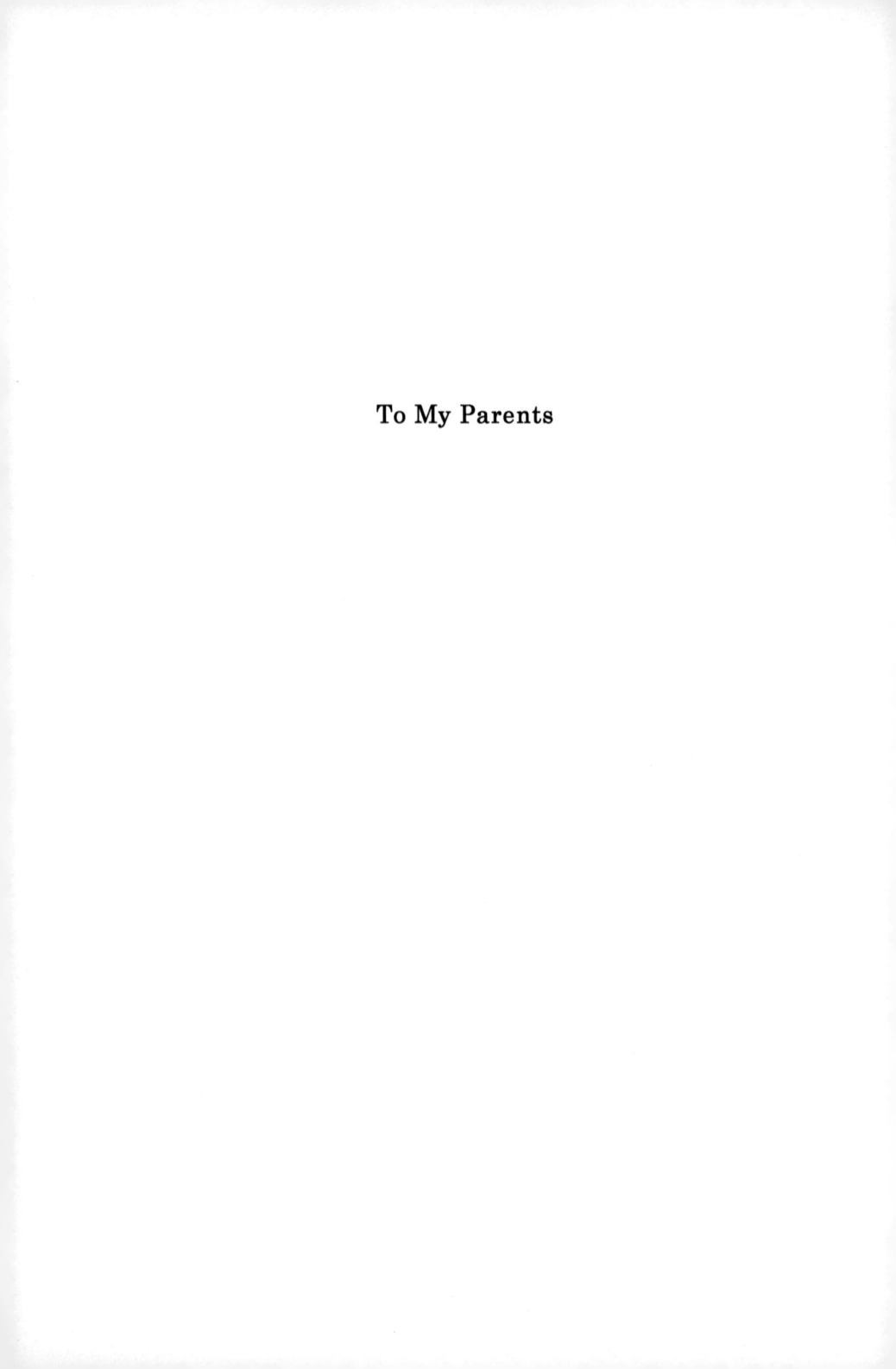

Wasdale Packhorse Bridge

Allerford Packhorse Bridge

まえがき（Preface）

　一般に外国文学を研究したり翻訳したりする上では当然のことであるが、単に味読し鑑賞する場合ですら、その国の文化的背景に関する知識を必要とすることは論を俟たない。本事典はイギリスの文学および文化の理解に必要不可欠となる広範な背景的知識の中から、「橋」を取り上げたものである。橋にはさまざまな種類があり、それがいろいろな形で文学に登場するが、英和辞典は元より英々辞典にさえ掲載されていないものが少なくないのが実情である。

　例えば、'chapel bridge' がそのひとつである。あるいは 'packhorse bridge' などはイギリス人がこよなく愛着を抱いているものながら、*OED*（『オックスフォード英語辞典』）でも見出し語として取り扱われていない。前者は 'chapel' の「礼拝堂」から、後者は 'packhorse' つまり「荷馬」の意味から、それぞれの橋の姿形を推量してみたところで、まさに「隔靴掻痒」の感を覚えるだけであろう。仮にそれらの語義の解釈に出会ったところで、「異文化」というものは単なることばのみの説明では、なかなか釈然としないところが残るものである。そもそも風土や習慣のちがいから我が国に存在しないものは、たとえ幾千語の文字で解説を試みたとしても、そのものの持つイメージを彷彿させ得るまでには至らない場合が少なくないからである。

　また、そのような橋梁用語の意味の問題だけにとどまることでもない。具体的に概略すると、R.D.ブラックモアの『ローナ・ドーン』には 'crossing made by Satan for a wager'（悪魔が賭けをしてこしらえた橋）が描かれているが、架橋と悪魔伝説との結びつきを歴史の中に理解する必要がある。C.ディッケンズの『大いなる遺産』では、主人公が旧ロンドン橋の下をボートでくぐり抜けるのに 'shoot the bridge'（橋の下を矢のように通過する）という表現が使われているが、そういう言い回しが流行した当時の時代背景も心得なくてならない。あるいは、T.フッドの詩のタイトルに 'The Bridge of Sighs'（嘆きの橋）という決まり文句が付けられているが、それは映画『哀愁』の原題が *Waterloo Bridge* であることとも関連して、「橋」と「死」とのつながりも知るべきことになる。

　もっと単純に考えても、G.グリーンの「無垢」やA.シリトーの「ものまね」で

言及されている 'humpbacked bridge'（反り橋）というものは、どの程度の反り具合を連想したらよいものなのか、また、A.クリスティーの『日の下の悪事』に登場する 'causeway'（コーズウェイ）は干潮時になるとその姿を現わすが、如何なるものを思い描けばいいのか、さらには、B.ポッターの『こぶたのロビンソンのおはなし』では幾種かの 'stile'（スタイル）というものが紹介されているが、その 'stiled bridge'（スタイルつきの橋）とはどういう仕掛けになるものなのか、などを承知して読むことも肝要である。

　そこで、古代から現代までのイギリスの橋について、建築土木学的意義に触れつつその文化史を詳説し、それに数多くの写真やイラストを添えた上で、詩・童謡・童話・小説・戯曲・エッセイ・紀行文など実際の文学作品からの引用を示した事典の執筆を思い立った次第である。しかし、著者は元より文学以外では門外漢である。従って、辞事典類をも含めて、橋梁を専門とする方々の著作を参考とするほかに方法はなかった。ただし、ひとつの用語の説明にも、甲の著作に記されていないことが乙にはあり、乙の著作にも見られない内容が丙では述べられていて、また、丙でも触れられていない事柄が先の甲では指摘されている、といった具合であることから、本事典ではあくまでイギリスの文学および文化を理解する上で必要と思われる範囲内に限って、その「最小公倍数」を記述するように心がけたつもりである。

　また、橋に関する書物は和洋を問わず既に多数出版されているが、そのほとんどは世界の有名な橋、とりわけ長大橋を紹介するものである。本書ではむしろどちらかというと、田園の細流にひっそりと渡されていて、年月の流れ四季の変遷のうちに、いつの間にやら自然の一部と化したかのように見えるもの、決して長大ではない橋の方に比重を置いたというべきかも知れない。その他の点について概要を列記してみると以下の通りである。

- 取り上げた橋の種類は約40種、固有名詞としてのそれは約100基。
- 引用した著者は48人、作品数は延べ85編。
- 引用したのは主として文学作品からであるが、それ以外にも、記述した橋が登場する映画のシーンにも言及した。
- 見出し語は関連項目も含めて必ずしもアルファベット順の配列にはして

いない。事典でありながら通読の際の便宜を考慮して、年代の古い順にした場合もあるからである。同時に、解説の補足として写真やイラストを掲載してあるので、最も理解し易いものを先に置くようにした。
- 橋の種類の名前には日本古来の名称を当てることや、東西の橋の構造を比較することも試みてある。例えば、'stepping stones' には「踏み石橋」ではなく、「沢飛橋」や「沢飛石」。'roofed bridge' ではオードリーエンド館やウィルトン館のそれと修学院離宮の千歳橋、あるいはストーヘッド館の 'Palladian Bridge' と我が国の「土橋」「柴橋」「草橋」、あるいは 'cantilever bridge' と山梨県の「猿橋」など。
- 国の内外を問わず、資料の中には橋の完成年と開通年の混同による誤記、あるいは同じ開通でも、一部分の開通と全面的開通との混同、あるいは当初の橋と架け替えられたそれとの長さの混同による誤記などがみられるが、本書ではできる限り新しい資料を基に正確を期した。
- 「引くための事典」としてのみならず、「読むための事典」としての面から、通常の事典類とは異なり、エッセイ調の文体で記述した部分もある。

本事典がイギリス文学のみにとどまらず、その文化全般を理解する上での一助とでもなることができれば、著者としては望外の幸せとするものである。ただし、異国の文化について書き記す場合には、思わぬ錯誤が残っていないとも限らない。何卒、大方のご叱正とご教示をこいねがうものである。

2004年10月15日

著 者

凡例（Guide to the Encyclopaedia）

(1) 全体の構成について
(1)-1. 本事典は2部から成る。
　　1部は第1章から第10章までが「橋の種類」、第11章に「それ以外の橋の種類」をまとめてある。
　　2部は「補遺」として、橋の種類ではなく、「橋に関連する用語」「テムズ川に架かるロンドンの橋」および「架橋の歴史の概略」としてある。
(1)-2. 本事典の見出し語は、通常の辞事典類のような配列にはなっていないため、ひとつの語を単に検索する場合は、先ず最初に「索引」を参照することが望ましい。

(2) 見出し語について
(2)-1. 各章のタイトルに入れてある用語が、原則としていわゆる「大見出し語」に相当するが、その配列は起源の古い順序とアルファベットの順序とを組合せてある。全体を通読することも考慮に入れたためである。但し、上記(1)-1に示した通り、第11章のみは例外で、この章の「中見出し語」は実質上は「大見出し語」に、「小見出し語」は「中見出し語」に相当する。
(2)-2. 「大見出し語」は頭文字を大文字にしてある。　（例）Arch(ed) Bridge
(2)-3. 「大見出し語」に関連する項目は「中見出し語」として扱い、行の左端に入れてある。但し、普通名詞は小文字で、固有名詞は頭文字を大文字にしてある。
　　　　（例）humpback(ed) bridge　　（例）Iron Bridge
(2)-4. 「中見出し語」に関連する項目は「小見出し語」として扱い、行の左端に入れて◆印を頭に付してある。但し、固有名詞は頭文字を大文字にしてある。
　　　　（例）◆Clachan Bridge

(2)-5. 見出し語のつづりはイギリスの現行の辞事典を基本にしてあるが、引用文の中では実際の作品に用いられてあるつづりのままにしてある。

(3) 記号と番号について

(3)-1. 上記(2)-4のような「小見出し語」としてではなく、「大見出し語」の解説の中で具体例を列記する場合は、行の左端に入れて、●印を頭に付してある。

　　　（例）　Arch(ed) Bridge の中で、　●Dinham Bridge

(3)-2. 本文中の英単語の右肩に付してある＊印は、独立した見出し語として取り上げてあるか、あるいは他の項目の解説の中でも使われていることを示すもので、索引を利用すべき語であることを示す。

　　　（例）　pier*

(3)-3. ☞印は参照すべき見出し語や項目を示す。（例）　☞ housed bridge

(4) その他の表記法について

(4)-1. 英語表現に用いた（ ）は、語法上省略可能であることを示し、[ ]は前置された語と置換可能であることを示す。日本語の場合もこれに準ずるものとする。

　　　（例）　Arch(ed) Bridge; Roofed[Covered] Bridge
　　　　　　（厚）板橋; 旋回[開]橋

(4)-2. 人名、橋の名称、その他の主要語は、ひとつの見出し語の解説文では初出の際に英語表記を付し、その後には日本語表記としてある。

(4)-3. 写真やイラストのキャプションでも、上記(4)-2に準じてある。

(4)-4. 引用した作品は、単行本のタイトルの場合はイタリックで示し、その中に収められている作品については引用符で囲んである。引用文に関しては巻末に「本文に引用した著者と作品の一覧」としてまとめてあり、なお、それが本文の何ページに掲載されているかを示してある。

　　　（例）　*Men, Women, and children*
　　　　　　'Mimic'

目次 (Contents)

まえがき (Preface) ……………………………………………… 1
凡 例 (Guide to the Encyclopaedia) …………………………… 4

1. Clapper Bridge　巨石で架けた「継ぎ石橋」 ……………… 13
　　Tarr Steps（ター[タール]・ステップス）… 15
　　Post Bridge（ポスト・ブリッジ）… 18
　　Keble's Bridge（キーブル橋）… 21
　　stepping stones（沢飛橋；沢飛石）… 21

2. Chapel Bridge　悪魔も退散の「礼拝堂橋」 ……………… 25
　　Bradford-on-Avon Bridge（ブラッドフォード・オン・エイヴォン橋）… 31
　　Old London Bridge（旧ロンドン橋）… 32
　　Rotherham Bridge（ロザラム橋）… 34
　　St. Ives Bridge（セント・アイヴズ橋）… 35
　　Wakefield Bridge（ウェイクフィールド橋）… 38

3. Packhorse Bridge　虹の化石の「荷馬橋」 ………………… 40
　　Allerford Packhorse Bridge（アラフォード荷馬橋）… 44
　　Ashness Packhorse Bridge（アッシュネス荷馬橋）… 45
　　Gallox Packhorse Bridge（ギャロックス荷馬橋）… 46
　　Haworth Packhorse Bridge（ハウワース荷馬橋）… 47
　　Wasdale Packhorse Bridge（ウォスドル荷馬橋）… 47
　　Winsford Packhorse Bridge（ウィンズフォード荷馬橋）… 50

4. Housed Bridge　カタツムリも同じ「家つき橋」 …………… 51
　　High Bridge（ハイ・ブリッジ）… 63
　　Pulteney Bridge（パルテニー橋）… 64
　　Bristol Bridge（ブリストル橋）… 65
　　Old Bridge House, the（ブリッジ・ハウス）… 66
　　Ponte Vecchio, the（ポンテ・ヴェッキオ）… 68
　　Rialto Bridge（リアルト橋）… 69

5. War Bridge　防備は万全の「戦橋」 ・・・・・・・・・・・・・・・・・・・・・・・・・・　70
　　　Monnow Bridge（マノウ橋）… 73
　　　Warkworth Bridge（ウォークワース橋）… 75
　　　Stirling Bridge（スターリング橋）… 77
　　　Aberfeldy Bridge（アバーフェルディー橋）… 79

6. Arch(ed) Bridge　清流に架かる石の芸術「アーチ橋」 ・・・・・・・・・・　81
　　　Dinham Bridge（ディナム橋）／Malmsmead Bridge（マームズミード橋）／Stopham Bridge（ストッパム橋）／Pack Bridge, the（パック橋）
　　humpback(ed) bridge（反り橋）… 88
　　　Brig o' Doon, the（ドゥーン橋）／Clachan Bridge（クラッハン橋）
　　Iron Bridge; Ironbridge（アイアン・ブリッジ）… 94
　　　Buildwas Bridge（ビルドワス橋）／Craigellachie Bridge（クレイゲラッヒ橋）／Wearmouth Bridge, the（ウィアマス橋）／Britannia Bridge, the（ブリタニア橋）／Tay Bridge, the（テイ橋）

7. Footbridge　田園の細道つなぐ「歩み橋」 ・・・・・・・・・・・・・・・・・・・・・　103
　　　Pooh Sticks Bridge（クマのプーさん橋）… 109

8. Plank Bridge　童心の世界への架け橋「(厚)板橋」 ・・・・・・・・・・・・　113
　　　four-inched bridge（三寸橋；4インチ橋）… 119

9. Roofed[Covered] Bridge　アーフタヌーン・ティーも楽しめる「屋根つき橋」 ・・　122
　　　Bridges of Madison County, the（マディソン郡の橋）／Kappellbrücke, the（カペル橋）／Ponte degli Alpini（アルピニ橋）／Sackingenbrücke（ザッキンゲン橋）
　　　Audley End House Bridge（オードリーエンド館橋）… 124
　　　Wilton Park Bridge（ウィルトンパーク橋）… 125
　　　Bridge of Sighs, the（嘆きの橋）… 127
　　　Waterloo Bridge（ウォータールー橋）

10. Suspension Bridge　ガリバーが綾取りすれば小人国の「吊橋」か？
　　　・・・　135
　　　cable-stayed bridge（斜張橋）… 138

Clifton Suspension Bridge, the（クリフトン（吊）橋）… 138
Conway Suspension Footbridge, the（コンウェイ（吊）橋）… 140
Forth Road Bridge, the（フォース道路橋）… 142
Menai Suspension Bridge, the（メナイ（吊）橋）… 142

11. Bridge, Bridge, and Bridge　橋、橋、そして橋 … 145
　canal aqueduct（高架式運河橋）… 145
　　Chirk Aqueduct, the（チャーク高架式運河橋）／Pont-Cysylltau Aqueduct, the（ポントカサルテイ高架式運河橋）
　canal bridge（運河橋）… 147
　cantilever bridge（カンティレヴァー橋；片持梁橋）… 148
　　Forth Bridge, the（フォース橋）
　college bridge（学寮橋）… 152
　　Bridge of Sighs, the（嘆きの橋）／Clare College Bridge（クレア学寮橋）／Mathematical Bridge（数学橋）／St. John's College Bridge（聖ヨハネ学寮橋；セントジョン学寮橋）
　estate bridge（貴族屋敷の橋）；park bridge（猟園橋）… 156
　　Audley End House Bridge（オードリーエンド館橋）／Palladian Bridge at Stourhead, the（ストーヘッドのパラディアン・ブリッジ）／Wilton Park Bridge（ウィルトンパーク橋）
　movable[moveable] bridge（可動橋；開橋）… 160
　　bascule bridge（跳開橋）／lift bridge（昇開橋）／rolling bridge（転開橋）／swing bridge（旋回［開］橋）／transporter bridge（運搬橋）
　pontoon bridge（浮橋；舟橋）… 165
　railway bridge（鉄道橋）… 166
　river bridge（河川橋）… 168
　road bridge（道路橋）… 170
　toll bridge（有料橋）… 173
　truss bridge（トラス橋）… 178
　viaduct（高架橋）… 179
　　Chirk Viaduct, the（チャーク高架橋）／Glenfinnan Viaduct, the（グレンフィナン高架橋）／Ouse Viaduct, the（ウーズ高架橋）／Ribblehead Viaduct, the（リブルヘッド高架橋）／Tweed Valley Viaduct, the（トゥイード谷高架橋）／Welwyn Viaduct, the（ウェリン高架橋）／Dean Bridge, the（ディーン橋）

Supplement：補遺

Causeway; Causey 「橋」か「道」か、それとも「橋道」？ ……… 187
   St. Ives Causeway（セントアイヴズ・コーズウェイ）… 191
   St. Michael's Mount Causeway（セントマイケルズマウント・コーズウェイ）… 192
   Eilean Donan [Donnan] Castle Causeway（エランドナン城コーズウェイ）… 194
   Causeway at Skipton（スキプトンのコーズウェイ）… 195
   Wade's Causeway（ウェイドのコーズウェイ; ウェイズ・コーズウェイ）… 196
   Maud Heath's Causeway（モードヒースのコーズウェイ）… 197

London's Bridges over the Thames　テムズ川に架かる橋の数々 ‥ 198
   Albert Bridge, the（アルバート橋）… 200
   Barnes Railway Bridge, the（バーンズ鉄道橋）… 201
   Battersea Bridge, the（バタスィー橋）… 202
   Blackfriars Bridge（ブラックフライアーズ橋）… 202
   Chelsea (Suspension) Bridge（チェルスィー(吊)橋）… 205
   Chiswick Bridge（チズィック橋）… 206
   Grosvenor Railway Bridge, the（グロゥヴナー鉄道橋）… 206
   Hammersmith (Suspension) Bridge（ハマースミス(吊)橋）… 206
   Hungerford (Suspension) Bridge, the（ハンガーフォード(吊)橋）… 207
   Kew Bridge（キュー橋）… 209
   Lambeth Bridge（ランベス橋）… 210
   Millennium Bridge, the（ミレニアム橋）… 211
   Putney[Fulham] Bridge（パトニー[フラム]橋）… 212
   Richmond Bridge（リッチモンド橋）… 212
   Richmond Railway Bridge, the（リッチモンド鉄道橋）… 213
   Southwark Bridge（サザック橋）… 213
   Tower Bridge, (the)（タワー・ブリッジ）… 214
   Twickenham Bridge（トゥイッケナム橋）… 214
   Vauxhall Bridge（ヴォクソール橋）… 214
   Waterloo Bridge（ウォータールー橋）… 215
   Wandsworth Bridge（ウォンズワース橋）… 215
   Westminster Bridge（ウェストミンスター橋）… 215

Stiled Bridge　奇妙で愉快な「スタイルつきの橋」………………219
　　wooden stile & stone stile（木製と石造りのスタイル）… 223
　　gap stile; squeeze stile（ギャップ・スタイル；スクウィーズ・スタイル）… 225
　　ladder stile; laddered stile（はしご型[式]スタイル）… 227
　　kissing gate（キスィング・ゲート）… 228
　　cattle grid（牛止め格子）… 229

The History of Bridging　「橋づくり」の起源とその流れ ………230

付録
本文に引用した著者と作品の一覧（A List of Authors Quoted in the Encyclopaedia）……………………………………………… 241
参考書目（Select Bibliography）………………………………… 246
索引（Index）……………………………………………………… 253

あとがき（Postface）……………………………………………… 267

Bridges of Britain

1. Clapper Bridge
巨石で架けた「継ぎ石橋」

　'clapper'の語源の説明として知られているのは、「積み石」(a heap of stones)を意味するラテン語由来説。いまひとつは、この語がイングランド東南部のサセックス(Sussex)地方では、「厚い板材」(a plank)の意味、あるいは「通常の道路脇に沿って高く築いた歩道」(footways)で、洪水で道路が冠水した時に備えたものという意味をもつことからの説。
　自然石を川底から積み上げて橋脚(pier*)とし、その上に板状の石をただ載せただけの橋で、上述の語源からいっても「石積み橋」とか「積み石橋」と呼んでもいいものだが、日本の庭園では、2枚以上の板石を継いで渡したものを「継ぎ石橋」と呼ぶのが伝統的名称。
　板石は長さ数メートルもある大きな厚いものが使われているが、モルタルなどは用いていない。花崗岩(granite)や砂岩(sandstone)などの板石による至って素朴なこしらえではあるが、関連項目に示したように、いかにも悪魔伝説を生み出すほどの規模の大きな橋になる。木材や、モルタルの原料の石灰が手に入りにくい上に、橋の建造費も思うに任せないが、石材だけは得やすいという高地地方に多く見られる。特に、イングランド西南部や北部にあって、ヒース(heath; heather)の生い茂る「ムーア」と呼ばれる荒野(moor; moorland*)にはこの橋が多い。中でも西南部のダートムーア(Dartmoor)やエクスムーア(Exmoor)は有名。
　橋は構造の面から3種類に分類することができ、アーチ橋(arched bridge*)、吊橋(suspension bridge*)、それに桁橋(beam bridge; girder bridge*)である。その桁橋の中でも原始的なタイプは、水流の両岸に丸太を架けたものだが、ここに紹介した橋は川の中に石を積み重ねて橋脚を築き、その間に板石を渡したものなので、「石の桁橋」ということになる。洪水の被害は受けやすいものの、牛など家畜を移動させたり、泥炭(peat)を運搬したりする際に村人が利用してきた橋で、先史時代からのものも残存しているが、中世の時代から19世紀までの間に架けられたものが多いと推定されている。また、古代エジプト人が、数こそ少な

いが似た構造の橋を架けていたとも考えられている。

　このタイプの橋は、'cyclopean bridge' あるいは 'cromlech bridge' ともいう。前者はギリシャの伝説に登場する一つ目の巨人 'Cyclops'（サイクロープス）の形容詞を冠したもので、モルタルを用いないで巨石を積み上げるのは彼ら一族に特有な仕事であるという言い伝えによる。後者の場合は巨石を円形に並べた「環状列石」を指す「クロムレック」からきている。

　ちなみに、同じタイプでも橋床を成す板石が1枚だけの場合、つまり、水流に橋脚を設けずに、単に岸から岸へ巨大な板石を1枚だけ架け渡したものは、厳密な言い方をすれば、'clapper bridge' とはいわず 'clam bridge*' と呼ぶ。それは日本古来の命名の仕方では「板石橋」になる。例えば、ダートムーアのティン［ティーン］川（the Teign）の支流であるウォラブルック川（the Wallabrook）に架かるものは、エリザベス朝（1558－1603）以前のものと考えられている。また、イングランド西北部のランカシャー州（Lancashire）のワイコラー［ウィコラー］村（Wycoller Village）にも残存している。

　E.C. プルブルックはエッセイ『イングランドの田園』の第6章「古代の橋」（Ancient Bridges）の中で、このタイプの橋の起源について語っている。

> 　No one can say which is the oldest bridge in Britain. Some will state that the famous "clapper" bridges on Dartmoor can claim a greater antiquity than any others, but many there are who maintain that these primitive structures, consisting of one or more long slabs of granite, do not date from prehistoric times, but were originally intended for pack-horse traffic.... Whatever the origin of these "clapper" bridges they do not bear such testimony to the great skill of their builders as do those "Roman" bridges which may be found here and there, mostly in the north of England and Scotland.
> 　　　　── Ernest C. Pulbrook: *The English Countryside*

（イギリスで最古の橋がどれかは決めかねます。ダートムーアにある有名な「継ぎ石橋」こそほかのどの橋よりも遥かに古い時代のものといい得ると唱

1. Clapper Bridge

える人もいれば、その一方で、花崗岩の縦長の板石を1枚あるいは2枚以上用いたこういう原始的な構築物は、先史時代のものではなく元来が荷馬の通行のためを図ってつくられたものであると主張する人も多いのです。（中略）「継ぎ石橋」の起源が何であれ、主としてイングランドの北部やスコットランドのあちらこちらに残存している「古代ローマの橋」の場合とは違って、その建造者の技術の偉大さを証明するものが、このタイプの橋にはないのです。)

Tarr Steps (ター[タール]・ステップス)

　イングランド西南部のサマーセット州(Somerset)のエクスムーア(Exmoor)にある。ウィンズフォード村(Winsford Village*)に近く、周りを丘陵や湿地帯に囲まれた荒地を流れるバール川(the Barle)の水面すれすれに架かっている。紀元前約1000年に造られたものと推定される。全長約55メートル、架け渡した板石は24枚。スパン(span*)、つまり橋脚(pier*)と橋脚の間の数は全部で17。石材は全て花崗岩(granite)で、板石1枚の重量は4トン〜5トン。

1. Tarr Steps (ター・ステップス)の全容

2. ター・ステップスの
　継ぎ石の状態

3. 川底から積み上げた橋脚がさらに側面から補強されている

1. Clapper Bridge

4. 板石の大きさはシェパード犬と比べると見当がつく

　橋は1952年の洪水で一度流されたが、クレーンを使って復旧された。これほど大きく重い板石もその大半が30メートルも流されていたというので、出水の激しさが伺える。もっとも、その前後の1947年と1980年にも同様の被害を蒙っている。増水時には水面下に没する橋を、日本では古来より「潜り橋」と呼ぶが、これもまさにその類といってよい。また、これは 'bridge' というより、後述する 'causeway' と見ることもできる。こういう規模が大きく歴史の古い橋には、ほかのイギリスやヨーロッパの橋と同様に悪魔伝説（☞ chapel bridge）がつきものである。その土地の巨人に力比べを挑まれた悪魔が、一夜にして築いてみせたというのである。また、こうも伝えられている。橋を架けた悪魔は同時にひとつの呪いも掛けたという。最初に橋を渡る者には恐ろしい罰が下るというのである。そこで、ひとりの牧師が橋をはさんで悪魔と対峙することになった。牧師は一計を案じて、自分より先に一匹の猫を渡らせてみた。案の定、猫は対岸へ着くや否や八つ裂きにされてしまったが、それによって呪いも消え去ったことになる。後は、牧師と悪魔との舌戦が繰り広げられただけで、結局、悪魔は橋を残して退散したというのである。

R.D. ブラックモアの小説『ローナ・ドーン』の中で、「悪魔のこしらえた橋」といわれているのは、実はこれを指したものである。主人公のジョン・リッド(John Ridd)が相談に訪れようとしている相手の女性の居所を述べた下りである。

> Mother Melldrum had two houses, or rather she had none at all, but two homes wherein to find her, according to the time of year. In summer she lived in a pleasant cave facing the cool side of the hill far inland near Hawkridge, and close above Tarr Steps, a wonderful crossing of Barle River, made (as everybody knows) by Satan for a wager.
> 　　　　　　　　　　　　　　　　　—— R.D. Blackmore: *Lorna Doone*

（マザー・メルドラムには家が2軒あった。というよりはむしろ、住みかなどどこにも持たなかったというべきかも知れない。つまり、彼女の居場所は季節によって2箇所に分かれていたのだ。夏の時節の彼女の住まいは、日陰になる丘腹と向き合う快適な洞窟であった。そこは、ずっと内陸へ入ったホークリッジの近くで、バール川を渡るのに絶好のタール・ステップス橋からわずかに上流にあった。橋は悪魔がある賭けをして架けたと伝えられているものである。）

Post Bridge（ポスト・ブリッジ）

　イングランド西南部のデヴォン州(Devon)のダートムーア(Dartmoor)を流れるイースト・ダート川(the East Dart)に架かる。現在のポストブリッジ村(Postbridge Village)にあって、約2000年前に巨石を積んで建造されたと推定されるが、記録がないので当初の架橋技術については不明。石材は橋桁(げた)も橋脚(pier*)も共に花崗岩(granite)。この橋の橋脚(pier*)の数は2で、橋脚間の距離(スパン：span*)は約2.5メートル。載せた板石は3枚で、そのうち最大のものは、長さ約4.5メートル、横幅約2メートル、厚さ約30センチメートル、重量8トンを越える。

　橋の名前の由来は、この地方ではかつて、旅人が雪の中や夜の闇に迷わぬようにと、この橋までの道案内に花崗岩の柱(post)を立てていたことにある。

　このタイプの橋の多くは、13世紀に周辺の町と錫鉱(すずこう)とを結びつける目的で造ら

1. Clapper Bridge

5. Post Bridge（ポスト・ブリッジ）の全容

6. ポスト・ブリッジ。厚さの均一な板石を積み上げた橋脚

7. ポスト・ブリッジ。板石の巨大さに留意

8. ポスト・ブリッジのすぐ脇に架かる道路橋(road bridge)

れたもので、鉱石の荷を積んだ馬(packhorse*)の列が渡ったものである。
　ポスト・ブリッジ以外では、同じダートムーアのフェーンワーズィー(Fernworthy)の南にあるティン[ティーン]ヘッド橋(Teignhead Bridge)は、約200年前のものとされる。また、コッツウォルド丘陵(the Cotswolds)で知られるイングランド西南部のグロスタシャー州(Gloucestershire)のイーストリーチ・マーティン村(Eastleach Martin Hamlet)にも残存している。

1. Clapper Bridge

　ちなみに、この橋のすぐそばには、石造りでアーチ(arch*)を持つ道路橋(road bridge*)が1780年代に建造されて今日に至っている。また、グラナダテレビ制作のドラマ『シャーロック・ホームズ』のシリーズのひとつ「バスカビル家の犬」(*The Hound of the Baskervilles*)では、物語の舞台がダートムーアということもあって、このタイプの別の橋が画面に大きく映し出されている。

Keble's Bridge（キーブル橋）

　イングランド西南部のグロスタシャー州(Gloucestershire)にあるイーストリーチ村(Eastleach Village)を流れるリーチ川(the Leach)にかかる。この村はふたつの小村(hamlet)の合併になるが、その小村イーストリーチ・マーティン(Eastleach Martin)とイーストリーチ・ターヴィル(Eastleach Turville)とを結んでいる。橋の名前はこの地のかつての荘園領主一族の名前にちなんでいる。

stepping stones（沢飛橋；沢飛石）

　上述の 'clapper bridge' の前身ともいうべきもの。氷河によって運ばれ削られた石が川に転がって頭をだしているのを、たまたま踏み渡った人間がそれをヒントに、今度は自分が渡りたい水流に、適当な石を置き並べて「橋」の代わりにしたと考えられている。殊更に本格的な橋を設置する必要もないような浅瀬(ford)では、当然ながら今日でもこれをこしらえて利用している。英語を直訳すれば、「踏み石」なので、「踏み石橋」と訳すこともできるが、上記のように日本古来の名称を当ててみた。また、庭園の「踏み石」も英語ではこの語を用いる。
　こういう石を川底に積み上げて橋脚(pier*)とし、その上に板石を載せた「継ぎ石橋」(clapper bridge*)がその後に登場したとするのが通説。また、これは後述する「コーズウェイ」(causeway*)の部類に入れることもできる。

　W. ワーズワースはこの橋を題名にした2編の詩を書いている。ひとつは、この橋を渡ることによって子供は自分の勇気を試し、大人はこれに足を掛けることにためらいを覚えて自らの老いを悟るというのである。もうひとつは、これを渡るのに不安を感じて躊躇する恋人と、励ましながらそれに手を差し伸べる羊飼いの青年との、ほほえましい様子をうたったものだが、以下には前者を示す。

9. stepping stones（沢飛石）。ノース・ヨークシャー州のウィールデイル・ムーア（Wheeldale Moor）

10. 上記9に同じ。ウェスト・ベック川(the West Beck)に渡されている

11. 沢飛石。デヴォン州のダートムーア(Dartmoor)を流れるウェスト・ダート川(the West Dart)にある

1. Clapper Bridge

　　　　The struggling Rill insensibly is grown
　　　　Into a Brook of loud and stately march,
　　　　Crossed ever and anon by plank or arch;
　　　　And, for like use, lo! what might seem a zone
　　　　Chosen for ornament ― stone matched with stone
　　　　In studied symmetry, with interspace
　　　　For the clear waters to pursue their race
　　　　Without restraint. How swiftly have they flown,
　　　　Succeeding ― still succeeding! Here the Child
　　　　Puts, when the high-swoln Flood runs fierce and wild,
　　　　His budding courage to the proof; and here
　　　　Declining Manhood learns to note the sly
　　　　And sure encroachments of infirmity,
　　　　Thinking how fast time runs, life's end how near!
　　　　　　―― William Wordsworth: 'The Stepping-stones' (1―14)

（奮闘つづける細流がいつの間にやら大きくなって
小川の姿で響きも高く、堂々と流れて行けば、
時には厚板橋が、時にはアーチ橋が架けられている
そして、見よ！　目的は同じだが、
帯状に石を飾り並べたかに思えるものもある
石の配列には均整が図られ、かつ、間が置かれてあって、
澄んだ流れは遮られずに競り合うように進んで行ける
何という流れの速さ、とどまることも知らずに！
満々と水かさを増した流れが激しく荒ぶる時には、
子供はここで芽生え始めた自分の勇気を試み、
衰えかけた大人はここで老いが確実に忍び入っていることに気づき、
時の立つ速さと、生の終わりの近いことを悟るのだ！）

　　E.C. プルブルックはそのエッセイ『イングランドの田園』の第5章「浅瀬と徒渉場」(Fords and Crossing-places) の中で、この沢飛橋の架かる水辺の魅力を

語っている。

> ...the many prefer the row of stepping-stones across a stream sparkling in the sunlight and dappled with the shadows of overhanging branches. Here the wagtail flits from stone to stone, and the white shirt-front of the dipper or the sudden flash of a kingfisher may be seen.
> —— Ernest C. Pulbrook: *The English Countryside*

（日の光を受けてきらきらと輝いている水流や、張り出した木の枝葉の落とす影で明暗のまだら模様に染まっている水流、そこに点々と渡された沢飛橋を好む人の方が多いのです。こういう流れには、踏み石から踏み石へと軽やかに飛び移るセキレイや、洗い立てのワイシャツを思わせる白い胸の羽毛を持つカワガラスや、突如閃光を発するかのように飛翔するカワセミの姿が見られるのです。）

また、アイルランドのイニスフリー村を舞台にした映画『静かなる男』(*The Quiet Man*)では、物語がハッピー・エンドを迎えた辺りで、主人公たちの新居のコテージとそのすぐ庭先を流れる細流とが映し出されます。そこには石の数こそ少なめですが、まぎれもないこの飛石があって、ふたりがそれを伝って対岸の我が家へ向かうシーンで幕となるのです。

ちなみに、この語は「目的達成への足掛かり・手段・方法」の意味をも持つ。K. フォレットの小説『地の柱』の第8章ではその意味で次のように用いられている。

> He had become bishop very young, but Kingsbridge was an insignificant and impoverished diocese and Waleran had surely intended it to be a stepping-stone to higher things.
> —— Ken Follett: *The Pillars of the Earth*

（ウォレランは非常に若くして司教になっていたが、キングズブリッジは取るに足らない貧しい主教区で、彼としてはそこをさらにその上を目差す足掛かりにしていたことは間違いがなかった。）

2. Chapel Bridge
悪魔も退散の「礼拝堂橋」

　中世(500 − 1500)は政治・社会情勢の不安定から旅も危険を伴うものであった。そこで、旅の安全面での便宜を計り、宿泊所の設置、橋や道路の普請など、旅人の世話を引き受ける修道士の団体(bridge-building fraternity)が存在したとされる。彼らは「架橋兄弟団」(the Brotherhood of Bridge-builders)と呼ばれ、その名の通り、架橋およびその維持管理に尽力していた。こういう宗教団体はイギリスも含めヨーロッパに広く設立されていたが、起源はイタリアにあり、活動は特にフランスで盛んであった。ちなみに、アヴィニョンの橋(Pont d' Avignon)の建造に携わった聖ベネゼ(St. Bénézet: 1165−84)は、その団体創設にも貢献したとされる。もっとも、その一方ではこの団体が実在した確証が得られていないという理由から、存在を疑問視する向きもある。しかしながら、当時は聖職者が架橋を自らの任務と心得て、努力を惜しまなかったことは事実と受け止められている。

　ちなみに、その辺の事情は日本でも同様で、僧侶が資金の寄付を募って(勧進)は、橋の建設および修理に当たったとされる。「勧進橋」といわれるものがそれだが、「衆生の済度」、つまり「橋を通して人を流れの向こう岸へ渡らせること」は「昏迷する者を悟りの彼岸へ導くこと」につながるとも考えたのであろう。架橋と宗教との結びつきという点で、また、そこから橋は「聖なる場所」ともみなされたということでは、洋の東西の一致があることになる。

　そういうわけで、中世ヨーロッパの橋の中には礼拝堂(chapel)を備えたものも少なくはなかった。例えば、上述のアヴィニョンの橋にも、旅人の守護聖人ニコラス(St. Nicholas)へ献堂された礼拝堂がある。当時の教会は富裕な人たちに勧めて、橋や礼拝堂を寄進させたりもしたのである。そういう礼拝堂には、司祭(chaplain)が一人ないしはそれ以上いて、寄進者や旅人のために祈りを捧げたり、あるいは、通行人から強制的に一定額の通行料(bridge toll*)を、あるいは自発的通行料とでもいうべき寄付金を集めたりしては、橋の維持費の確保に努め

ていた。中には、教会が免罪符を売ってそれを資金に当てることもあった。一方では、聖職者や騎士とその従者などは、特典として通行料を免じられる場合もあった。巡礼など旅人の側にしてみれば、旅の途上でも祈りを捧げることができて、大変に便利でもあったことになる。さらに、規模の大きな礼拝堂の場合には、定期的に礼拝式が行なわれることすらあった。

　その一方で、こうした橋の上では、「布の市」が毎週開かれてもいた。礼拝堂の鐘を合図に、布地商人が集められ、橋の欄干に広げた布地が売買されていたわけである。

　また、ひと口に礼拝堂といっても、中には、裕福な個人が自分の死後の供養を願ったり、あるいは自分以外の特定の人のために、寄進して建立したもの(chantry)もあれば、非常に規模の小さいもの(oratory)などもあるので、それによって、"chantry bridge"とか"oratory bridge"といったりもする。

　実は、橋に礼拝堂を設けた理由はほかにもあったのである。この時代には、橋、特に壮大なこしらえの橋には悪魔がとりつくと信じられていたため、それを追い払うという意味もあったのである。イギリスも含めヨーロッパにおける橋と悪魔との結びつきは、古代の迷信に端を発している。つまり、古代人は川に橋を架ける行為は川の神(river gods)や川の精(river spirits)の怒りを買うことになると信じていた。例えば、橋のない川を何らかの方法で渡る際に犠牲者が出れば、それは川の神や川の精が人間に求めたいわば通行料と受け止め、そうして、そこに橋を架ける工事の最中にも犠牲者がでれば、それは神々や精たちが通行料の確保のために建設の邪魔をしているものと考えたのである。

　従って、架橋は川の神や精に対する反抗的所業に当たるため、彼らの怒りを押さえなだめる意味で、人柱(human sacrifices)を立てるという考え方が生まれたとされる。これは、'Every bridge demands a life.'(橋を架けるには必ず人柱が要る。)、という古い言い伝えの中にも伺い知ることができる。

　しかしながら、特に架橋の難工事に繰り返し直面する中で強く意識された川の神や精は、キリスト教が人々の間に浸透して行く過程で次第に悪魔(the Devil)に取って代わられたとするのが通説。そうして、その悪魔は橋の完成を約束し保障すると同時に、代償として人間の魂を要求するという伝説が生まれたわけである。ただし、それも最終的には人間は決して悪魔のいいなりにはならず、知恵を

2. Chapel Bridge

　以て悪魔に打ち勝つという結末になっている場合が多い。
　例えばイギリスでこの伝説をもつ橋としては、既に 'clapper bridge*' の関連項目で紹介した「タール・ステップス」(Tarr Steps*) 以外では、まさに「悪魔の橋」(the Devil's Bridge：デヴィルズ・ブリッジ)を名称とするものが有名である。ウェールズ西南部のダヴィド州(Dyfed)の港町アバリストウィス(Aberystwyth)に近いマイナック川(the Mynach)の峡谷(gorge)に、3層を成すようにして架かる橋のうち最下位のもので、尖頭アーチ(pointed arch*)の石橋で12世紀の造りになる。この橋と市場町トレガロン(Tregaron)の中間に存在したストラタ・フロリダ修道院(Strata Florida Abbey)の修道士(monk)たちの手になるものと伝えられる。中位の橋は18世紀、最上位はそれから約200年後に建造されたものである。
　伝説によれば、その土地のメガンという名の老婆(old Megan Llandunach)が、ある日飼っていたたった1頭の雌牛が知らぬ間に峡谷(ravine)の向こう岸へ渡っているのに気がつく。彼女はなす術を知らず困り果てているところへ悪魔が姿を現し、橋を架ける見返りに最初に橋を渡った者は悪魔の手に帰することの約束を取りつける。橋が難なく出来上がった時、彼女は一計を案じ、自分の子犬を招くとポケットの中のパン屑を橋の上に投げ散らした。子犬はそれを追って橋を渡るが、だまされたと分かった悪魔は地団駄を踏んで悔しがるが、後の祭りというわけである。
　W. ワーズワースには「悪魔の橋の奔流へ寄せて」と題する詩があるが、この橋の下に滝をも成して流れ下る急流をうたったものである。

  How art thou named? In search of what strange land,
  From what huge height, descending? Can such force
  Of waters issue from a British source,
  Or hath not Pindus fed thee, where the band
  Of Patriots scoop their freedom out, with hand
  Desperate as thine?
    —— William Wordsworth: 'To the Torrent at the Devil's Bridge,
             North Wales, 1824' (1-6)

(そなたをどう呼べばよいのか？如何なる未知の土地を目差して、
如何なる高みから天下ってくるのか？
これほどの流水の力の源が英国にあり得ようか、
それとも、ギリシャのピンドス山脈に培われたのではないのか？
そこでは自由が掘り起こされたのだ、
愛国者たちの、そなたと同じ死に物狂いの手によって。)

　G. バントックはエッセイ集『我が愛しの島国』の第9章の「王笏を保持するこの島」(This Sceptered Isle)の中で、この橋を紹介している。

　　While speaking of bridges, I should mention the Devil's Bridge in central Wales. This is actually a series of three bridges, one above the other. The lowest of these — "the bridge of the Evil One" — was constructed in 1188 by, it is said, the Devil himself. A larger stone bridge was built above it in 1753, and finally in 1901 the present-day steel road-bridge was built over that. Down below are a rushing river and waterfalls, which have carved out the sides of the deep ravine into a great dark hollow known as the Devil's Cauldron.
　　　　　　　　　　　　—— Gavin Bantock: *Dear Land of Islands*

(橋といえば、中央ウェールズにある悪魔の橋を忘れるわけにはいきません。この橋はうそのようですが本当に三層に重なっているのです。最下位のそれは「悪魔の橋」と呼ばれる通り、1188年に悪魔が自ら築いたものと言い伝えられています。そしてその上にはもっと大きな石造りの橋が1753年に架けられ、最後に1901年には現代の鋼製の道路橋がさらにその上に建造されたのです。その下には急流が走り、滝もひとつならずあって、それによって峡谷の側面がえぐられ、悪魔の大釜として知られる巨大な暗黒の窪みができているのです。)

　ヨーロッパではドイツのレーゲンスブルク(Regensburg)で、1135年〜1146年にかけてドナウ川(the Danube)に架けられた大石橋(the Steinerne Brücke)が、やはりそのような伝説を持っている。12世紀の石造りであるが、最初にそれ

2. Chapel Bridge

を渡る者を悪魔に捧げるという約束のもとに完成を見た橋である。人間の方は、ここでも2羽の鶏と1匹の犬を放って橋を渡らせ、悪魔の鼻をあかしている。フランスのカオール (Cahors) にあるヴァラントレ橋 (Pont Valentré) は、石造りのアーチ橋 (arched bridge*) で、橋上に3基の門塔が立つが、同様に悪魔の力を巧みに利用して完成に漕ぎ着け、後は一休禅師並みの頓智で悪魔を出し抜いている。人間は自分の魂と引き換えに悪魔の協力を得るのだが、悪魔が人間の依頼に応えられない時には互いの契約はご破算になる約束であった。橋の完成を間近にして、人間から篩いを使って水汲みをするよう頼まれた悪魔は、仕事を放棄して退散止むなしという次第である。

12. 十字架を捧げ持つ欄干の天使像。架橋と宗教の結びつきを示す。イタリア

　ちなみに、日本の場合も橋の難工事に突き当たって、神仏や鬼の類の力に頼ったことや人柱にまつわることまで入れて、同じような伝説は少なくないといえる。

　イギリスを含めて中世のヨーロッパでは、橋には悪魔が取りつくという迷信が持たれていたため、その悪魔払いとして礼拝堂が築かれたことは上に記した。また、同じく既に述べたことだが、架橋それ自体が「聖なる行為」(holy activity) とも考えられ、橋の完成には宗教的儀式が催され祝福されたという理由からも、橋には礼拝堂が設置された。たとえ礼拝堂を持たない場合でも、先ず大抵の橋ではその欄干 (parapet) の中央部に十字架を飾った。そうして、その十字架は、橋の下を通る船に対して最適の航路を示す目印でもあったので、天候の影響などから水路に変化が生ずるとすぐに対応して、それを正しい位置に移し替えたものである。もっとも、十字架は後にはそれが聖者の彫像に取って代わられるようになった。

　しかしながら、16世紀～17世紀の宗教改革 (the Reformation) を通して、こういう礼拝堂の多くは清教徒に破壊されてしまった。あるいは、数世紀にもわた

る使用に耐えられなくなり、橋ともども失われたものもある。関連項目に示した通り、今日のイングランドには礼拝堂を備えた橋は4つしか残存していない。ただし、例外的だがイングランド東北部のダーラム州(Durham)にあるエルヴェット橋(Elvet Bridge)のように、12世紀後半に完成を見た当時は橋の両端部にそれぞれあった礼拝堂こそ今はないものの、橋自体は現存するというものもある。

　最後に付け加えれば、架橋と宗教との結びつきは、中世のみならずそれまでの古代ローマの時代にも事情は同じで、ローマのテーベレ川(the Tiber)に最初の橋(スブリキウス橋：Pons Sublicius)を架けた技術者たちは 'Collegium Pontifices'(架橋同胞団)と呼ばれる宗教団体に属し、橋と道路の建造および管理に当たっていたが、その教団の長は 'the Pontifex Maximus'(最も偉大なる橋の造り手)を称号とした。やがて、歴代のローマ皇帝も自らにその称号を用い、後にローマ教皇(the Christian Pope)が代々受け継いできたのである。

　J. ロジャーズは『イングランドの川』の第1章「イングランドとその河川」(England and Her Rivers)の中で、有名無名の幾多の川を紹介しながら、橋の礼拝堂(bridge chapel)の由来にも言及している。

　　It is certain that the building and maintenance of bridges, which in early times was an undefined responsibility, was often undertaken by religious foundations, and this is why so often chapels were placed near or actually on them, as at London, Bradford-on-Avon, Derby, and at Wakefield.
　　　　　　　　　　　　　　　　　　―― John Rodgers: *English Rivers*

(架橋とその維持修理の責任は、初期の頃にはまだ明確にされていず、宗教財団が引き受ける場合が少なくなかったのです。そういうわけで礼拝堂は橋のそばに、あるいは、信じられないかも知れませんが実際に橋の上に建てられることもまた少なくなかったのです。例えば、ロンドン、ブラッドフォード・オン・エイヴォン、ダービー、ウェイクフィールドの橋がそれです。)

2. Chapel Bridge

Bradford-on-Avon Bridge（ブラッドフォード・オン・エイヴォン橋）

　イングランド南部のウィルトシャー州(Wiltshire)の町ブラッドフォード・オン・エイヴォンを流れるエイヴォン川(the Avon)に架かる。今日では'the Town Bridge'とも呼ばれるこの橋は、ノルマン人(the Norman)が最初に築いた石造りの橋が元になっている。

　全部で9つのアーチ(arch*)を持つが、そのうち2つは13世紀のものである。ノルマン人が架けた当初の橋は、幅が狭く欄干(parapet)もないので、川へ転落する人がでたほどだが、17世紀の改築で幅も2倍になり、小さな礼拝堂も建てられた。イングランド西南部のサマーセット州にある古都グラストンベリー(Glastonbury)は巡礼の目的地のひとつとして知られるが、そこへ向かう途上の巡礼たちが、この礼拝堂で祈りを捧げもしたのである。また、礼拝堂は旅人の守護聖人ニコラス(St. Nicholas)を祭ったもので、彼がスナモグリ(gudgeon:ヨーロッパ産のコイ科の淡水魚で食用になる)を自分の紋章にしていたことから、この魚をデザインして金メッキを施した銅製の「風見」(weathervane)が、堂の屋

13. Bradford-on-Avon Bridge (ブラッドフォード・オン・エイヴォン橋)。左端がchapel (礼拝堂)

根の頂部に取りつけてある。後の時代にこの礼拝堂は「小獄舎」としても使用されたことから、ここの囚人は「魚の下でも水の上にいる」(under the fish and over the water)といわれたものである。

ちなみに、グラストンベリーは、アリマタヤ(古代パレスチナの都市)のヨセフ(Joseph of Arimathéa)がキリスト教を伝える目的で渡来する際に、最後の晩餐でイエスが用いたという聖杯(the Holy Grail)と、イエスの冠をつくったイバラ(thorn：サンザシ)の生えていた茂みから切ってこしらえたとされる杖(staff)とを携えてきた土地とされ、聖地のひとつに見なされている。また、彼のその杖が不思議にもこの地に根を下ろし、やがて花まで咲かせたという伝説もある。

J.J. ヒッセイは『イングランド十州紀行』と題したエッセイの中で、この橋の礼拝堂の風変わりなこしらえについて述べている。

> Then we retraced our steps to the ancient bridge with the "mass chapel" that stands in the centre on one of its piers. This chapel is a curious building; the roof is of stone, and it gives a very quaint look to the bridge.
> —— James J. Hissey: *Through Ten English Counties*

（それから私たちはもと来た道を古代の橋へと戻りました。橋の中ほどには橋脚のひとつを土台にして「礼拝堂」が建っています。この礼拝堂は奇妙なこしらえで、石造りの屋根を持ち、橋の外観に奇異な趣を添えているのです。)

Old London Bridge* (旧ロンドン橋)

石造りの旧ロンドン橋は1209年に完成する。その北端部から数えて9つ目の橋脚(pier*)の上には礼拝堂が建てられていた。ヘンリー2世(Henry Ⅱ：在位1154－89)の宗教政策に反対したためカンタベリー大聖堂(Canterbury Cathedral)で刺客に殺された聖トマス・ベケット(St. Thomas à Becket：1118?－70)へ献堂されたもので、4人もの「礼拝堂付き司祭」(chaplain)がいた。2階建てになり、縦[奥行] 約18メートル、横[幅] 約6メートル、2階部分(upper chapel)の高さ約7.6メートル、1階部分(crypt[undercroft])の高さ約5メートルと推定される。正式名称は「カンタベリーの聖トマス礼拝堂」(The Chapel of

2. Chapel Bridge

14. Old London Bridge(旧ロンドン橋)で再建された方の礼拝堂

St. Thomas of Canterbury)という。
　この橋の建造の監督・指揮に携わったのは、聖メアリー・コールチャーチ教会(St. Mary Colechurch)の司祭(chaplain)にして橋造りの棟梁(bridge master)でもあるピーター・コールチャーチ(Peter (de) Colechurch*)であった。彼がこの橋の上に建てた最初の礼拝堂(The Bridge Chapel)の建築様式は初期イギリス式(Early English style)であった。それが1212年の大火に遭って後に修復されるものの、最初の建造から175年を経て、1384年～1397年の間に垂直式(Perpendicular style)の礼拝堂として建て直され、1538年までは存続した。
　しかし、ヘンリー8世(Henry Ⅷ：在位1509－47)の修道院解散(the Dissolution of the Monasteries)の政策(1536;1539)の下に、献堂者である聖トマ

ス・ベケットの名前こそ変更を余儀なくされるが、堂自体は1553年まではそのまま存続した。もっとも同時に司祭の数は2名にされ、さらにその後には1名になった。そして、その年、エドワード6世(Edward Ⅵ：在位 1547-53)の時であったが、礼拝堂そのものが撤去され、店舗兼倉庫として屋根裏部屋つきの3階建ての家屋に改築された。これは1760年までは存在したが、その頃は橋上の建物一切が取り払われてしまったのである。☞ housed bridge

Rotherham Bridge (ロザラム橋)

イングランド北部のサウス・ヨークシャー州(South Yorkshire)のロザラムにあるドン川(the Don)に架かり、4つのアーチを持つ。元は「荷馬橋」(packhorse bridge*)であったものが、その後に新たに架け替えられたと考えられるが、その架橋年代は不明。礼拝堂は直に橋床の上にというよりは、橋脚(pier*)と同様に川床を土台にして建つ。

礼拝堂は既述の「寄進礼拝堂」(chantry chapel*)で、1483年の建造になるが、エリザベス朝(1558-1603)には救貧院として、また、18世紀の末から19世紀の初め頃までは町の牢獄として使用されていた。さらに、1826年～1888年まではタバコや新聞を売る店舗として使用されていたが、その後に改修され、1924年以降は本来の目的を果たしている。サイズは縦[奥行]約10メートル、横[幅]

15. Rotherham Bridge(ロザラム橋)で中央部が礼拝堂

2. Chapel Bridge

16. ロザラム橋の礼拝堂

約4.5メートル。1975年には新しいステンド・グラス(stained glass)もはめられた。聖母マリア(Virgin Mary)へ献堂されたもので、「聖母マリア礼拝堂」(the Chapel of Our Lady)と呼ばれ市民に親しまれている。

St. Ives Bridge（セント・アイヴズ橋）

　アーチ(arch*)の数は6。イングランド東部のケンブリッジシャー州(Cambridgeshire)の町セント・アイヴズを流れるグレイト・ウーズ川(the Great Ouse)に架かる。礼拝堂は1425(1426?)年に建造された。18世紀の中頃から20世紀の中頃までは、礼拝堂の上にさらに2階建ての建物が載っていて、住居として使用されていた。その部分は後に取り除かれて現在に至っている。
　ちなみに、この町はマザー・グース(Mother Goose)に登場することでも知られているが、かつては市場町であった。つまり、週に1度あるいは2度といった具合に、定期的に市が開かれていた。市場には町の中心ともいうべき広場が当てられたわけだが、今日ではそこに清教徒革命の指導者として有名なオリバー・クロムウェル(Oliver Cromwell：1599－1658)の銅像が立っている。彼がこの町の近くに農園を所有していたことに由来する。

J. ロジャーズは『イングランドの川』の第11章「東部沿岸の川——テムズからウォッシュまで」(Rivers of the East Coast, from Thames to Wash)の中で、この町と橋の礼拝堂とクロムウェルについて語っている。

> It (=the Ouse) then passes through St. Ives, with its associations with Cromwell and with its fine old bridge with the sexagonal fifteenth-century chapel now used as a museum.
>
> —— John Rodgers: *English Rivers*

（ウーズ川はそれからセント・アイヴズの町を通って流れて行くのですが、セント・アイヴズといえばクロムウェルを、また、今では記念館となっていますが、15世紀の六角形の礼拝堂を備えた見事な古橋をも、思い浮べる町なのです。）

上述したように、この町は次のように『マザー・グース』(*Mother Goose*)に謡われているが、同名の町がイングランド西南部のコーンウォール州(Cornwall)にもあって、どちらがそれに当たるかは確定されていない。

17. St. Ives Bridge（セント・アイヴズ橋）とその礼拝堂

2. Chapel Bridge

18. セント・アイヴズ橋の橋床。右手の欄干越しに見える窓のある建物が礼拝堂

19. セント・アイヴズ橋の礼拝堂正面

20. 町の広場に立つ O. クロムウェル（Cromwell）の銅像

As I was going to St. Ives,
I met a man with seven wives,
Each wife had seven sacks,
Each sack had seven cats,
Each cat had seven kits,
Kits, cats, sacks, and wives,
How many were there going to St. Ives?

(セント・アイヴズへの道すがら、
出会った男の道連れは妻7人、
7人が担ぐ袋は各々7つで、
7つの袋の中身は各々猫7匹、
7匹の猫には各々子猫7匹、
子猫、親猫、袋に妻たち、
さて、セント・アイヴズを目指す数はいくつ？)

Wakefield Bridge（ウェイクフィールド橋）

　イングランド北部のウェスト・ヨークシャー州（West Yorkshire）の州都ウェイクフィールドを流れるコルダー川（the Calder）に架かる。橋も礼拝堂も1340年代の初頭に建造された。礼拝堂は装飾様式（Decorated style）で、橋の上というよりは橋の下の中州を土台にして建てられ、両側面にはそれぞれ3つの窓があり、そのトレーサリー（tracery：狭間飾り）は複雑な幾何学模様を見せている。「橋の礼拝堂」（bridge chapel）としてイギリスに残存するものの中では最大級で、縦［奥行］は約14メートル、横［幅］は約6メートルもある。この堂は「聖母マリア礼拝堂」（The Chapel of St. Mary）と呼ばれるが、既述の「寄進礼拝堂」（chantry chapel*）のひとつである。

　16世紀以降は、礼拝の場所というよりは、例えば、古着商などがその中で商品を展示販売することに使用していたが、19世紀中頃の大々的な修復を経て、本来の礼拝堂として復活し、今日でも毎月2回ずつ定例の礼拝式が行なわれている。

　橋の幅は当初は狭いものであったが、交通量の増加に伴い18世紀に2度改築

2. Chapel Bridge

がなされ、広げられた。

E.C. プルブルックはそのエッセイ『イングランドの田園』の第6章「古代の橋」(Ancient Bridges)の中で、この橋にも言及している。

Chapels were frequently erected on a bridge, so that the wayfarer could stop awhile to pray for the founder. There is one on the bridge over the Calder at Wakefield, but it is only a replica, so far as the front is concerned. The original was removed in 1843, when the building was restored.
―― Ernest C. Pulbrook: *The English Countryside*

(礼拝堂は往々にして橋の上に建てられたということもあって、旅人はしばし歩みを止めて、その寄進者のために祈りを捧げることもできたのです。ウェイクフィールドを流れるコルダー川に架かる橋にもそれがありますが、その正面のつくりはレプリカに過ぎず、オリジナルは修復が行なわれた1843年に取り除かれました。)

21. Wakefield Bridge(ウェイクフィールド橋)とその礼拝堂

3. Packhorse Bridge
虹の化石の「荷馬橋(にうま)」

　商品を輸送するのに、もっぱら「荷馬」(packhorse)の背中に積んで運んでいた時代があった。当時の道路事情から、馬車に頼っていては幅が狭くて険しい山道などは越せないからである。
　取り扱われた商品としては、羊毛や布地、麦、塩、建築に用いる石材、鉄、鉛、鍛冶屋が炉に使う石炭、木炭、あるいは陶器類、といったところになる。そういうものをパニア(pannier)と呼ぶ荷篭(にかご)に入れて、馬の背中の両側に振り分けて積んで運んだのである。荷馬には、ポニー種の馬(pony)が使われるのが通例であった。小型ながらも忍耐強く頑健なのが特徴である。ちなみに、荷馬1頭の運べる

22. packhorse convoy(荷馬の隊商)

3. Packhorse Bridge

23. pony(ポニー種の馬)

　荷重は最大でも約150キログラム。進む速度は通常は1日平均約40キロメートル、山道になると約24キロメートルといわれる。従って、例えば、イングランド西北部の湖水地方(the Lake District)への玄関口にあたるケンダル(Kendal)からロンドンまでは約2週間を要したとされる。
　こういう商品の輸送方法は、中世の末期およびチューダー朝(1485－1603)には一層盛んに行なわれるようになった。その商人たちは、馬車や荷車には不向きで馬のみでしか進めないような尾根や高地の狭い道を、いとわずに通った。しかも、途中で盗賊に襲われる危険も考慮に入れて、「隊商」(packhorse convoy [train])を組んで旅を続けた。その時に通った道は「荷馬道」(packhorse road [track])と呼ばれ、イングランドでは特に北部のペナイン山脈(the Pennines)や西北部の湖水地方、それにウェールズおよびスコットランドの丘陵地帯に多かった。
　その旅の途上で、徒渉不可能な川にはもちろん、たとえ浅瀬(ford)であっても、貴重でかつ重い荷物を積んだ馬を渡らせることの危険を避けるために、橋が架けられたわけだが、荷馬一頭ずつしか渡れないほど幅の狭い石造りのものであった。しかも、欄干(parapet)は馬の背に振り分けた荷篭の邪魔になるのを避けて、全然設けていないか、あるいは極めて低いこしらえになるのが本来であった。もっとも、後年には安全面への配慮から、欄干は人間の腰の高さぐらいにまでなった。
　また、商品に限らず、土地の人が泥炭地から切り出した泥炭(peat)や、あるいは採掘した錫などの鉱石を、同じように荷馬で運ぶ際にも利用されたものである。

「荷馬橋」という名前の起こりはそこにあるのであって、他の橋のように、その構造や形態などの面から命名されたわけではなく、あくまで歴史的事実に基づくものである。概略すると、14世紀から19世紀の後半にかけて、辺鄙な土地の川にこの橋は架けられたことになる。とりわけ、17世紀の中頃から18世紀の末に至る間に、最も多く建造されたと考えられている。但し、18世紀には、2頭立て馬車(wagon)や4頭立て馬車(coach)でも通れるように改善された道路が多くなってきて、次第に従来とは異なる輸送方法が採られるようになって行った。

　イギリスの人たちはこの橋に殊のほか愛着を覚えているようで、地方の田園風景を紹介した写真集や銅版画(エッチング)入りの紀行文、あるいは、大小さまざまなガイド・ブックなどには、必ずといってよいほど登場する。実際、この橋を訪れることを旅の目的のひとつにしている人たちも少なくないのである。

　A. & C. ブラック社刊行(著者名無記)の『イングランドの風景』では、荷馬橋の存在が重要な意味を持っていた時代に思いを馳せて、橋とその橋によって結ばれる田園の道とを、ひとつの「眺め」と捕らえて描写している。

　　A pack-horse road even, here and there, survives and vaguely discloses an old transport route, reminding us at the same time of the slowness and difficulty of the movement of merchandise in the past; while a few bridges, called by the same name, show by their proportions how narrow was the track they carried over stream and dyke.
　　　　　　　　　—— A. & C. Black, LTD.: *The English Scene*

(荷馬の通り道ですらそこかしこに残存していて、いにしえの輸送ルートがおおよそながら見当がつくのですが、それと同時に、商品を運搬する上で、昔はどれほどの時間と苦労を伴ったかが忍ばれるというものです。その一方で、残っている数こそ少ないものの、川や排水路に渡された荷馬橋のつくりを見れば、荷馬の通り道の幅が如何に狭いものであったかが知れるのです。)

　E.C. プルブルックはそのエッセイ『イングランドの田園』の第6章「古代の橋」(Ancient Bridges)の中で、昔日のこの荷馬橋に触れ、いとおしみつつ淡々と述べている。

3. Packhorse Bridge

Ancient bridges are usually very narrow, for traffic, such as we understand it, was confined to a few lumbering wagons, and goods were carried largely by pack-horse. Here and there the pack-horse tracks are still in existence, and somewhere on their route a narrow pack-horse bridge may nearly always be found; sometimes three or four occur within a few miles of one another.

—— Ernest C. Pulbrook: *The English Countryside*

（古代の橋は大抵は幅が極めて狭いものでした。というのは、いわゆる交通といっても、がたがた走る馬車に限られ、商品の方は荷馬で運ばれるのが通例だったからです。その荷馬の通り道だったものはまだところどころに存続していて、その途上には幅の狭い荷馬橋も大抵は残存しているものです。時には、数マイルおきに3つ4つと見つかることもあるのです。）

確かに、村の小川、谷のせせらぎ、あるいは荒野を行く細流に、緩やかな、時には急な半円を鮮やかに描いて架かるこの橋は、周囲の自然との調和の中に渡されたものにほかならないのである。大自然の懐に「石」で刻みつけられた、いわば、一篇の「詩」といってもよいように思われる。

遥か彼方にうち眺めれば、田園の清流に架かる「灰色の虹」とも見紛うばかりの美しさを備えてもいる。川面に映るその姿からは、太古の虹が、化石となって今の世に現われたとも見て取れるのである。

イングランドでは、西北部のカンブリア州(Cumbria)の湖水地方(the Lake District)や、北部のペナイン・デイルズ(the Pennine Dales)、あるいは、東北部のヨークシャー州(Yorkshire)、西北部のランカシャー州(Lancashire)、南部のウィルトシャー州(Wiltshire)、西南部のサマーセット州(Somerset)などに多く見られる。

Allerford Packhorse Bridge（アラフォード荷馬橋）

イングランド西南部のサマーセット州(Somerset)のアラフォード村(Allerford Village)に架かるもので、荷馬橋としては最も有名なもののひとつ。荷馬橋の橋床には板状の石も使われたが、この橋のように角のとれて丸みを帯びた自然石も利用された。また、この橋の場合、他の橋とはちがって橋床はコンクリートによる舗装を免れている。アーチ(arch*)の数は2。

24. Allerford Packhorse Bridge
（アラフォード荷馬橋）

25. アラフォード荷馬橋の橋床

3. Packhorse Bridge

Ashness Packhorse Bridge（アッシュネス荷馬橋）

　イングランド西北部のカンブリア州（Cumbria）の湖水地方（the Lake District）にある湖ダーウェント・ウォーター（Derwent Water）を見下ろせる位置にある。今日では残念ながら橋床が道路と同じアスファルトで舗装されているが、反り具合は緩やかである。そして、この道路を上って行くとウォテンドラス村（Watendlath Hamlet）へ通ずる。湖水地方にあって、アーチ（arch*）の数がひとつという点でも同じウォスドル荷馬橋（Wasdale Packhorse Bridge*）と比べると、欄干（parapet）がやや高いつくりになっているのがわかる。

26. Ashness Packhorse Bridge（アッシュネス荷馬橋）。
　　彼方にスキドー山（Skiddaw）とダーウェント湖（Derwent Water）を望む

27. アッシュネス荷馬橋の橋床はアスファルトで舗装されてしまっている

Gallox Packhorse Bridge (ギャロックス荷馬橋)

イングランド西南部のサマーセット州(Somerset)のダンスター村(Dunster Village)を流れるアヴィル川(the Avill)に架かる。全長約10.5メートル、幅約1.2メートルで、アーチ(arch*)の数は2。橋床は今日では残念ながらコンクリートで舗装されているが、反り具合は比較的緩やかで渡りやすい。

ちなみに、この村は断崖を自然の要害とするダンスター城(Dunster Castle)があることでも知られている。

28. Gallox Packhorse Bridge(ギャロックス荷馬橋)

29. ギャロックス荷馬橋の橋床

Haworth Packhorse Bridge（ハウワース荷馬橋）

イングランド北部のウェスト・ヨークシャー州(West Yorkshire)のハウワース村(Haworth Village)にある。ワース川(the Worth)とスレイデン川(the Sladen Beck)との合流点に架かるもので、14世紀の建造とされる。

ちなみに、この村はエミリー・ブロンテ(Emily Brontë)の『嵐が丘』(*Wuthering Heights*)とも関係が深いところとして有名。

30. Haworth Packhorse Bridge（ハウワース荷馬橋）

Wasdale Packhorse Bridge（ウォスドル荷馬橋）

イングランド西北部のカンブリア州(Cumbria)の湖水地方(the Lake District)にある湖ウォスト・ウォーター(Wast Water)の近くで、ウォスドル・ヘッド村(Wasdale Head Village)を流れるリングメル川(the Lingmell Beck)に架かる。荷馬橋は川の氾濫を考慮に入れて、アーチ(arch*)の反りが急勾配になるのが通例で、この橋はその典型ともいえる。アーチの数はひとつ。

「バッツフォード・ブックス」のうちのひとつ『イングランドの遺産』では、この橋を周囲の風景に溶け込む一点景として捕らえ描写している。

> Wasdale Head, where this ancient bridge crosses the stream, is, as its name implies, at the head of Wast Water, the wildest and most

31. Wasdale Packhorse Bridge(ウォスドル荷馬橋)。欄干は無いに等しい

32. ウォスドル荷馬橋。荷馬1頭ずつしか渡れない幅の狭さに留意

3. Packhorse Bridge

'remote' of the lakes....

This is a part of England where, but for the modern roads, the touch of man's hand on nature has been light and gentle. And although the objects added to the landscape, like the dry-stone walls and this bridge, were put there for purely expedient reasons, one is constantly pleased by the way in which they seem to have been used to give point or focus to a scene, to pull it together as it were.

―― Edward Hyams (Introduction): *The English Heritage*

(ウォスドル・ヘッドは、上に述べた古代の橋が架かっている村なのですが、その名の示す通り、ウォスト・ウォーター湖の湖頭にあります。湖の方は湖水地方の湖の中でも最も荒涼とした雰囲気を湛え、他からは最も隔絶した位置にあります。

ここはイングランドの一部には違いありませんが、近代的な道路を別にすれば、自然に加えられる人手は優しく軽やかな土地なのです。そうして、例えばこの橋やあるいはモルタルを用いずに築かれる石垣のように、この景地に添えられるものは単なる便宜上のものに過ぎませんが、ひとつの風景に中心をもたらし、いわばその風景をまとまりのあるものにする上で役立っているところは、いつもながら喜ばしく思われるのです。)

Winsford Packhorse Bridge（ウィンズフォード荷馬橋）

イングランド西南部のサマーセット州（Somerset）のウィンズフォード村（Winsford Village）を流れるウィン川（the Winn Brook）に架かる。この村はウィン川がエクス川（the River Exe）に合流するところにあり、「荷馬橋の村」（village of packhorse bridges）と呼ばれるほど、この種類の橋が数多く残存していて、全部で8つある。

33. Winsford Packhorse Bridge（ウィンズフォード荷馬橋）

34. ウィンズフォード荷馬橋の橋床と低い欄干

4. Housed Bridge
カタツムリも同じ「家つき橋」

　日本古来の呼称では「家橋(いえはし)」というべきもの。
　中世(500－1500)の橋の中には、その上に家屋や店舗を載せていたものがあった。例えば、「旧ロンドン橋」(Old London Bridge)がその代表であった。1000年間にわたってテムズ川(the Thames)に架けられていた当初の木造の橋は、1209年に石造りの橋として生まれ変わった。工事は1176年から開始され、実に33年間を要した大事業であった。ちなみに、建造の指揮・監督に携わったのはピーター・コールチャーチ(Peter (de) Colechurch)で、彼は聖メアリー・コールチャーチ教会(St. Mary Colechurch)の司祭(chaplain)にして橋造りの棟梁(bridge master)でもあった。開通の4年前に亡くなり、この橋の礼拝堂(☞ chapel bridge)の地下埋葬所(crypt)に葬られた。
　新しい橋のアーチは頂部の尖った「尖頭アーチ」(pointed arch)と呼ばれるもので、その数は全部で19。但し、南岸から数えて6つ目と7つ目の橋脚(pier*)の間には、後述する吊り上げ橋(drawbridge)が架けられていたので、スパン(span*)の数は計20ということになる。また、アーチは船の通行を考慮に入れて、そのうち4つはほかよりも幅が広くとってあった。狭いところで約4.5メートル、広いところで約10メートルになっていたのである。しかしながら、橋脚は太く巨大なもので、細いものでも約5メートル、太いものでは8メートル余りにもなっていた。その根元の「水よけ」(cutwater)は小さな島といってもいいくらいの規模であった。そのため、水流がいったんそこでせき止められる格好になるので、橋脚と橋脚の間を通る時には、反動で流水の速度は急激なものになって、船の転覆の原因ともなっていた。この橋のアーチの下を通り抜ける際には「矢のようなスピード」になるので、'shooting the Bridge'という表現が生まれたほどである。そういう事情から、「満潮時の通り抜けは不可能で、干潮時でも極めて困難」といわれ、また、「ロンドン橋、上を渡るは賢い人、下をくぐるは愚かな人」(London Bridge was made for wise men to go over and fools to go under.)

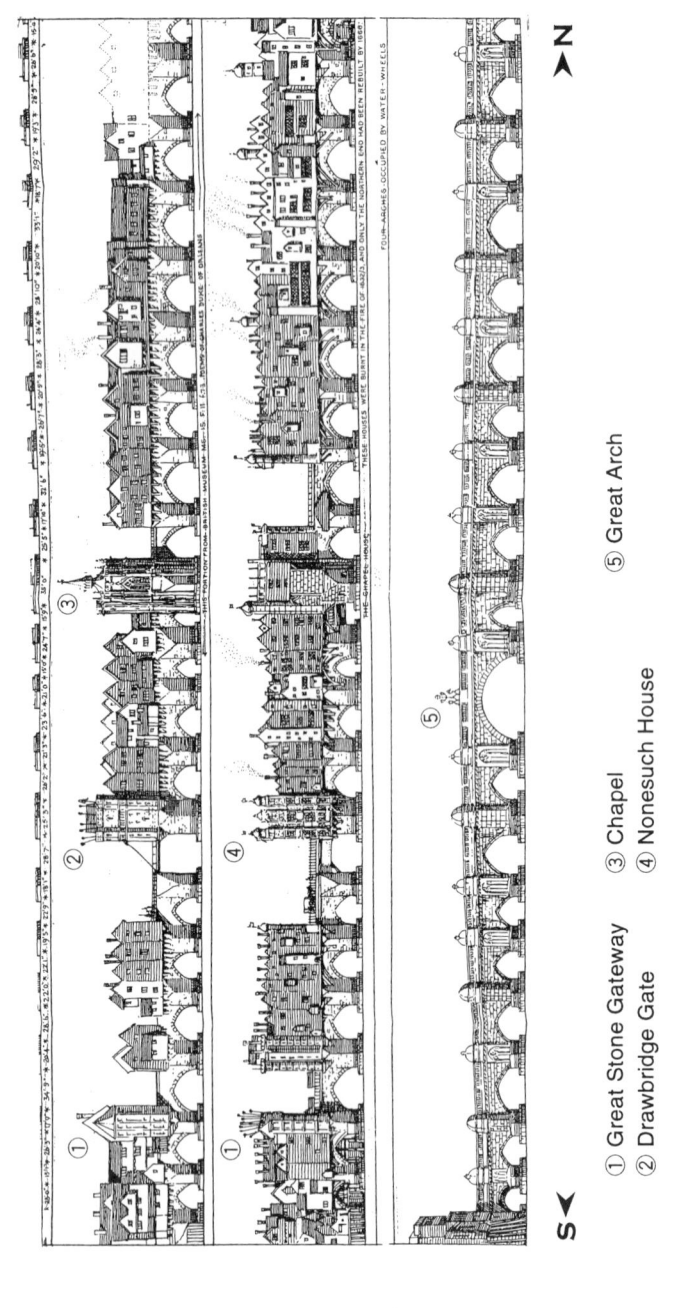

① Great Stone Gateway　③ Chapel　⑤ Great Arch
② Drawbridge Gate　④ Nonesuch House

35. Old London Bridge（旧ロンドン橋）の全容。上から順に1500年頃、1600年頃、および1762年以降に橋上の建物が除去されてから1831年までの橋

4. Housed Bridge

とも言い習わされた。最も有名な事故のひとつを挙げれば、1428年にノーフォーク公爵(the Duke of Norfolk)と多くの随行者を乗せた船がその水よけに衝突して転覆し、大勢が水中に投げ出されたことである。

C. ディッケンズの『大いなる遺産』の第46章では、主人公のピップ(Pip)がテムズ川でボートの練習に励む場面があるが、彼もまたこのロンドン橋の下を'shoot'するのである。

> It was Old London Bridge in those days, and at certain states of the tide there was a race and a fall of water there which gave it a bad reputation. But I knew well enough how to 'shoot' the bridge after seeing it done....
> —— Charles Dickens: *Great Expectations*

（ロンドン橋といっても当時はまだ古い方の橋で、潮の状態によっては橋の下には急な流れや滝のように落ち込むところができて、悪評が立っていました。しかし私は、橋の下を舟で「さっと通り抜ける」のを前に見ていたので、その術を十分に心得ていました）

A. ステイプルトンのエッセイ『ロンドンの小道』の第1章でもその'shooting'に言及している。そういった危険を回避するために、テムズ川を船で下る際にはわざわざこの橋の手前で下船し、橋の反対側まで歩いてから再び乗船したというのである。

> At Swan Stairs people were accustomed to land to walk to the other side of London Bridge, where there was such a swift and narrow current between the starlings that it was rather like shooting the rapids to venture. The boat was usually taken again at Billingsgate, as it was by Johnson and Boswell on their famous trip to Greenwich.
> —— Alan Stapleton: *London Lanes*

（当時はスワン船着場で一旦岸へ上がり、歩いてロンドン橋の反対側へ出るのが普通でした。それというのも、橋脚の根元の水よけと水よけの間は幅が

36. 18世紀初頭のロンドン橋。水流の速さが想像できる

狭い上に流れが速くて、そこを通過するのは急流を乗り切るのと同じ危険を伴ったからです。そうして、その先へ行くにはビリングズゲイトで改めて船に乗るのが通例でもあって、ジョンソン博士とボズウェルがグリニッジへ向かった話しはよく知られていますが、彼らもそうしたのです。)

しかしながら、こういう事情はロンドン橋の場合だけではなかったのである。ヨーロッパにおいてローマ帝国が崩壊(AD 476)してから12世紀に至るまで、実は、石造りの大きな橋は建造されることはなかった。そうして、いざ造られ出した時には、古代ローマ人が開発したはずのコンクリートを応用した橋脚造りの技術は既に忘れ去られていたため、橋脚の基礎部分は人工の島のように巨大で不様(ぶざま)なものになってしまったわけである。例えば、同じ12世紀に造られたドイツのレーゲンスブルグ(Regensburg)のドナウ橋(Donau Brücke)でも、本来の川幅310メートルのうち、橋脚と橋脚の間の水流部分の合計幅は95メートルで、全体の1/3以下になってしまったほどである。従って、橋の上流は流れが淀んで水位が上昇し、反対に下流はまさに急流と化したのである。

1750年に「ウェストミンスター橋」(Westminster Bridge*)が完成するまでの間、テムズ川に架かる唯一の石造りのこのロンドン橋には、建物も載せられた。

4. Housed Bridge

37. 17世紀のロンドン橋の南端部。橋脚の太さとその根元の水よけの巨大さに留意

　家屋や店舗だけではなく、司祭が2人もいる礼拝堂や、防備のために、また、橋の上のみならず下を通過する船からも通行料金(bridge toll*)を徴収するためにも、木造の「吊り上げ橋」(drawbridge*)を備えた門塔(gate tower*)まで設けていた時代もあった。店舗としては、帽子屋、小間物屋、下着や靴下類を扱う衣料店、食料雑貨店、それに、絹や、本や、蒸留酒を売る店も軒を並べていた。14世紀の中葉までにはその店舗数は198に達していたとされる。もちろん、家屋や店舗は高額で賃貸されていたのである。また、この橋は有料橋(toll bridge*)として出発したもので、通行料は時代によって違いがあるが、例えば、歩行か、騎馬か、荷馬車かでも区別があって、同じ歩行者でも、平日か日曜日か、あるいは荷馬車でも荷の重量、馬の数などでも細かい差がつけられていた。

　しかし、橋の上のこういった最初の建物群は、1212年の大火事で消失してしまった。つまり、建てられてから3年以上はもたなかったことになる。出火は橋の両端部から同時に起こったために、群衆は橋の上で動けず、多数の焼死者を出した。一方、橋の下の船は、大勢の人たちが一斉に飛び移ったこともあって転覆し、溺死者もまた多数に及んだ。結局、この大惨事による死亡者の数は3,000人に達したともいわれている。さらにその後にも、例えば、1300年、1471年、1632年、そしてロンドン大火災(the Great Fire of London)の1666年にも火事の被

害を蒙ってきた。

　この橋はこういうふうにいろいろな事故が繰り返され、その度に修復や建直しがなされてきたわけだが、事故にまつわるその辺の事情は、『マザー・グース』(Mother Goose)の中にも伺い知ることができる。

　　London Bridge is broken down,
　　Broken down, broken down,
　　London Bridge is broken down,
　　My fair lady.
　　　　　　　　　—— Mother Goose

　　（ロンドン橋が落ちた、
　　落ちた、落ちた、
　　ロンドン橋が落ちた、
　　マイ　フェア　レディ。）

　実は、そういう事故は繰り返し生じたわけだが、その度に修復やら建直しやらも繰り返されてきたわけで、またその度ごとに、橋の上の建物も大きなつくりになっていったのである。そうして、建物は、16世紀までには屋根裏部屋つきの3階建てになっていた。橋全体の長さは約282メートル、橋台(abutment*)の部分を加えると約294メートル、幅約6メートル、水面からの高さ約9.5メートルであった。中央の通路の幅に約4メートルをとったから、残りの幅は、通路の左右両側にそれぞれ約1メートルずつとなった。わずかそれだけの幅に左右どちらの側にも2階建ての建物を築いたので、当然ながら建物は橋床から外側へ大きく張り出す格好になり、張り出した建物の床は、木製の筋違いで支えねばならなかった。そういう具合なので、1481年には実際に並び建つ家屋がそっくり川の中へ崩れ落ちるということも起きたほどである。この家屋の張り出した部分の長さまで加えると、橋の幅は13メートル前後にはなっていたとみてよい。

　また、荷車が2台すれ違う時は、両側の家屋に触れかねないありさまであった。しかも、通路の幅が場所によっては3メートルに満たないこともあった。そして、中央の通路をまたぎ越す形で、その上に3階部分が載ったのである。つま

4. Housed Bridge

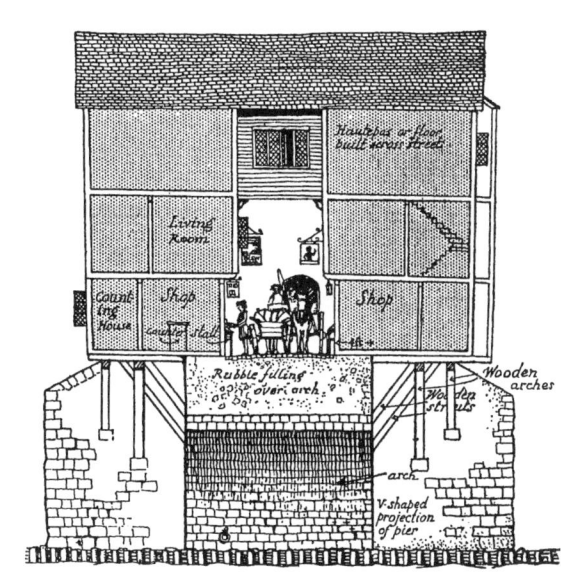

38. 中世後期から17世紀中葉までのロンドン橋上の建物の断面。中央通路をはさんで2階建てになり、3階がその上にまたがる形になった。張り出した床は木製の筋違いで支えられていた

り、橋の通路とはいえ、幅が狭い上に両側には建物が並び、天井は3階部分の床で覆われているため、相当に暗くなっていたものと考えられる。同時に騒音の度合いもかなりひどいものであったと推測される。橋の上の車馬の通行音のみならず、北端部の橋脚のところには、この川の水を飲料水として市民に供給する目的で巨大な揚水機(水車：watermill)が設置されていて、絶え間なく轟音を発していたからである。しかも、後世にはさらに屋上に屋を重ね、5階あるいは7階建てになるような始末であった。こういう建物の中でも装飾的な木造家屋の「ナンサッチ・ハウス」(Nonesuch House)が有名である。南岸の地域のサザック(Southwark)寄りにあったもので、1577年にオランダから購入して建てられた。今日でいうプレハブ式だが、鉄釘(nail)を1本も使わず全て木製の留め釘(wooden peg)だけで橋上に組み立てたところから、「無比の家」という奇妙な名前で呼ばれていた。

　それだけではない。上述した吊り上げ橋を備えた門塔(the Drawbridge Gate; the New Stone Gate：1428-1577)は、南岸から数えて7つめの橋脚の上に

39. 吊り上げ橋のある門塔(the Drawbridge Gate:1428～1577)に掲げられたさらし首。これが取り壊された跡にナンサッチ・ハウス(Nonsuch House)が建つ

あったものだが、この塔の上には謀反人たちの防腐処置を施した首や四つ裂きにした肢体(quarters)を、長い竿の上に突き刺して曝し見せしめにしていたのである。処刑され曝された者の中には、スコットランドの独立のために戦った国民的英雄ウィリアム・ウォレス(William Wallace：1272?-1305)、ヘンリー8世(Henry Ⅷ：在位1509-47)をイングランド教会の長として認めることを拒否したために処刑されたトーマス・モア大法官(Thomas More：1478-1535)とジョン・フィッシャー司教(John Fisher：1469-1535)、同じくヘンリー8世による修道院解散法制定の過程で、修道院の収入や生活の実態などを全国的規模で調査する際の中心人物であった政治家トーマス・クロムウェル(Thomas Cromwell：1485?-1540)も含まれていた。もっとも、この門塔は1428年に建てられ1577年に解体されたが、その跡地に上記のナンサッチ・ハウスが建てられると、吊り上げ橋も廃止になって橋床は固定され、代わって南岸から数えて2つめの橋脚の上の門塔(the Great Stone Gateway)に曝し首を立てるように

4. Housed Bridge

なった。これが、テムズ川に架かる「家つき橋」の実際の姿であったのである。

　C. ディッケンズの『ピクウィック・ペイパーズ』の第10章の冒頭では、伝統的な古い居酒屋兼宿屋（old inn）の話しが語られているが、ロンドン橋にまつわる怪異な言い伝えが飛びかっていたことも述べられている。それには上に述べたこの橋の持つ一面を考えると至極当然なことと思われる。

> In the Borough especially, there still remain some half dozen old inns.... Great, rambling, queer, old places they are, with galleries, and passages, and staircases, wide enough and antiquated enough to furnish materials for a hundred ghost stories, supposing.... the world should exist long enough to exhaust the innumerable veracious legends connected with old London Bridge....
> —— Charles Dickens: *The Pickwick Papers*

（特にバラ自治区には5、6軒もの古い居酒屋兼宿屋が今もなお残っている。（中略）その建物といえば、大きいがまとまりのないこしらえで、それにバルコニーやら廊下やら階段やらがついていて、何とも奇妙な古いものである。（中略）しかも、この世が長くつづいたあげく、旧ロンドン橋にまつわる事実に基づいた数多の伝説が消滅するようなことでもあれば、それに代わる怪談のネタを幾らでも提供し得るだけの広さと古めかしさとを備えているところでもある。）

　しかしながら、1758年～1762年の間に橋の上のそういう建物は取り払われるようになり、橋の幅も約14メートルと広くなった。そのようにした理由は当時の冬の気候にあった。テムズ川が寒さで氷結したのである。上に述べたように、橋の上流は巨大な橋脚でせき止められ水位が上がっていたが、それが氷結し、やがて流氷となって橋脚に圧力をかける一方、橋の上からは立ち並ぶ家屋の重みが加わるやらで、橋自体が崩壊の危険にあると判断されたからにほかならない。ちなみに、特に有名な氷結は、1683年～1684年、1715年～1716年、1739年～1740年、1813年～1814年に起こり、長期にわたってつづいた。凍結した川の上ではスケートやホッケーなどスポーツを楽しむのみならず、'frost fair'（氷

上市)と呼ばれる市が開かれ、さまざまな屋台や商店が並び、馬車や荷車も往来できたという。つまり、川が街路とほとんど変わらない様相を呈したのである。1683年の氷結時には、チャールズ2世(Charles Ⅱ：在位1660－85)とその家族も出向いて催しものを楽しんだことであった。

　最後に、その後の移り変りを概略つけ加えれば、この橋に代わるものとしてこれよりもやや上流側に、1824年に新しい石造りの橋の建造が始まった。北岸のシティー(the City：旧市部)と南岸のサザック地区を結ぶものである。1825年にロンドン市長(the Lord Mayor)によって礎石(foundation stone)が据えられ、1831年には完成した。開通式は同年8月1日、国王ウイリアム4世(William Ⅳ：在位1830－37)と王妃アデレイド(Adelaide：在位1818－37)の列席の下に行なわれた。設計者はJ. レニー(John Rennie*：1761－1821)で、彼は既に同じテムズ川に架かるウォータールー橋(Waterloo Bridge*：1817年完成)およびサザック橋(Southwark Bridge*：1819年完成)も手掛けていた。もっとも、彼はこの新ロンドン橋の設計後に死亡したため、その建造は同名の息子が引き継いだ。全長約307メートル、幅約17メートル。旧橋ではアーチ(arch*)

40. J. レニー(J. Rennie)の設計になる1831年以降のロンドン橋

4. Housed Bridge

41. T. テルフォード(T. Telford)の設計案のロンドン橋で、実現はしなかった

の数が19であったが、新橋では5になり、それだけ橋脚の数も少ないことになり、これまでの川の淀みと橋の下の急流の問題は解消されることになった。その橋脚間の距離(スパン：span*)は中央部が約46メートル、その両隣がそれぞれ約43メートル、両端がそれぞれ約40メートルで、水面からの高さはいずれも約9メートルであった。

もっとも、実現には至らなかったが、T. テルフォード(Thomas Telford*：1757－1834)も設計案を提出していた。それはアーチがひとつだけの鋳鉄製(cast iron*)で、全長約183メートルというものであった。

しかし、そのレニーの橋も1968年には売却が決定し、今日ではアメリカのアリゾナ州(Arizona)のレイク・ハヴァス市(Lake Havasu City)にある遊園地を流れる運河に架けられている。毎年10月には「ロンドン橋祭り」(London Bridge Days)が催され、地元市民がエリザベス朝の装いで、ダンスやパンケーキ・レース(pancake race)やアーチェリー競技などを楽しんでいる。

現在の「ロンドン橋」は、1967年～1972年に完成し、1973年に女王エリザベス2世(Elizabeth Ⅱ：在位1952－)の出席の下に開通式が行なわれた。鋼鉄(steel*)の素材とコンクリートを組合せたプレストレスト・コンクリート製(prestressed concrete)で、幅約32メートル、アーチの数は3。冬期に入っても橋床に結氷が生じないように、路面の下には暖房装置も設置されている。

42. 現在のロンドン橋

　ロンドン橋初代の木造の橋(timber [wooden] bridge)についても簡単に付記しておくと、架橋は古代ローマの支配下にあった紀元100年～400年の間と推定されている。その後、11世紀初頭にはサクソン人(Saxon)とデーン人(the Danes)の戦争で焼かれ、同世紀の末葉には自然災害で崩壊。再建されはしたが、1136年にまた焼け落ちたとされる。その後1163年に再建されるが、それが木造橋としては最後になる。

　ちなみに、中世ヨーロッパにも「家つき橋」はかなり存在したもので、有名な例としては、フランスのノートルダム橋(Pont Notre-Dame)がある。しかし、テムズ川同様に当時のセーヌ川(the Seine)も冬期には氷結したため、橋上の家屋は撤去された。ドイツではエアフルトのクレーマー橋(Krämer Brücke)が家つきのままで現存している。1325年に完成した石造りの橋で、当時は雑貨商店などが軒を連ねていて、ロンドン橋と同じで何度も火災に見舞われている。イタリアの橋については下記の関連項目に示してある。☞ chapel bridgeの関連項目 Old London Bridge

　ロンドンをさまざまな視点から描いたH.V. モートンのエッセイ集『ロンドンの心』の中の「ロンドン橋上の少年たち」(Boys on the Bridge)の章では、2代

4. Housed Bridge

目のロンドン橋、つまりJ. レニーの設計になる 'New London Bridge' が語られている。

> Boys are always leaning over London Bridge, as right-minded boys have been leaning these five hundred years and more. Beneath them the Thames, that loved river of ours, swirls and eddies round the piers, sucking at the weathered stone as it runs seawards, out and away. ... I looked at the faces of the spellbound office boys. They gazed like gargoyles from the parapet.
> —— H.V. Morton: *The Heart of London*

(事務所で雑役係をする少年たちは、いつでもロンドン橋から身を乗り出して眺めているのです。過去五百年以上にわたって、心がけのよい少年たちはそうしてきたのです。彼らの眼下にはテムズ川が、あの誰もが愛する川が、風雨に耐えてきた石造りの橋脚に吸いつき、その周りで大小の渦を巻き、遠く海へと流れて行くのです。(中略)私は川の魔法にかかった少年たちの顔を見ましたが、彼らはまるで欄干から突き出すガーゴイルと化したかのように下を凝視していたのです。)

High Bridge（ハイ・ブリッジ）

イングランド東部のリンカンシャー州（Lincolnshire）の州都リンカン（Lincoln）を流れるウィザム川（the Witham）に架かる。最初の建造は1145年より以前とされる。橋の上に現存する建物は1540年頃に建てられたものと推定される。橋床を縦に二分し、片側には家屋が建ち、残った側を通路としてある。かつては礼拝堂（chapel*）もあって、その跡地を示すオベリスク（obelisk）が建てられていたが、1939年に取り払われてしまった。

43. High Bridge(ハイ・ブリッジ)。
橋床の片側に家屋が建ち、残りの側
(写真では家屋の向こう側)が通路

Pulteney Bridge (パルテニー橋)

　イングランド西南部の旧州エイヴォン(Avon)の都市バース(Bath)を流れるエイヴォン川(the Avon)に架かる。幅約9メートルの橋床の中央通路をはさんで、その両側には2階建ての家屋や店舗が互いに接続して並んでいる。高名な建築家R. アダム(Robert Adam：1728－92)の設計になり、1770年に完成。この架

44. Pulteney Bridge (パルテニー橋)

4. Housed Bridge

45. パルテニー橋。中央通路をはさんで両側に店舗が並ぶ

　橋の支援者でもあるバースの初代伯爵W. パルテニー卿 (William Pulteney) の名前にちなんで命名された。イタリアのフィレンツェ (Florence) にある「ポンテ・ヴェッキオ」(Ponte Vecchio*) が、アダムの設計上のヒントになったと推測されている。

Bristol Bridge（ブリストル橋）

　イングランド西南部の旧州エイヴォン (Avon) の都市ブリストルを流れるエイヴォン川 (the Avon) に架かっていた橋で、4つのアーチ (arch*) を持っていた。石造りのこの橋は13世紀には建造されていたと考えられている。この橋の上には屋根裏部屋を含めて5階建ての家屋が7～8戸並び、いずれも装飾性に富んだ木骨造り (half-timbered house) で、その漆喰壁やしゃれた出窓 (oriel window：オリエル窓) などが人目を引いたといわれる。

　そもそもブリストルという名前の由来はこの橋にあった。この町は11世紀の中頃には 'Brygestowe' と呼ばれていたが、それは「橋のそばの集まる場所」(the place of assembly by the bridge) を意味したもので、この橋を中心にして周囲に町が形成されていったのである。橋は1768年に建て直されたが今日では見られない。

46. Bristol Bridge(ブリストル橋)

Old Bridge House, the（ブリッジ・ハウス）

　単に'Bridge House'ともいう。イングランド西北部のカンブリア州(Cumbria)にある湖水地方(the Lake District)の町アンブルサイド(Ambleside)にあって、ストック川(the Stock Beck)に架かる。この町は山と湖に富む国立公園の中心に位置する行楽地で、ウィンダーミア湖(Lake Windermere)の北端に近い。

　16世紀初頭、ブレイスウェイト家(the Braithwaites)の所有になる「アンブルサイド館」(Ambleside Hall)の広大な敷地の一角に'summer house'(あずまや)として建てられたものと考えられている。私有の「家つき橋」ともいうべきこの橋は、チャペル丘陵(Chapel Hill)の麓に架けられていて、館と川向こうにあった果樹園や牧草地とを結びつけるものでもあった。橋の上の家屋は、2階建てで、各階に1部屋ずつ。屋根は石板でふき、壁には切り出したままで加工していない荒石を用いている。

　後の時代には、収穫したリンゴの蔵として利用されたとも推測されるし、18世紀の後半には暖炉まで備えた住居として使用された形跡もあるとされる。さらに後の時代には、バスケット(籠)づくりの職人、あるいは椅子や靴の修理人などが

4. Housed Bridge

住んだという記録もある。今日(1995年現在)ではナショナル・トラストの所有で、インフォメーション・センターになっている。

また、1953年にこの川で洪水が起こった時、増水した川の水は橋のアーチ(arch*)の頂部にまで達したほどの勢いであったが、崩壊は免れている。

47. Bridge House(ブリッジ・ハウス)の側面

48. ブリッジ・ハウスの正面

上にも述べたが、中世ヨーロッパでも「家つき橋」は少なからず建造されていた。以下の2例は特に有名なイタリアのそれである。

Ponte Vecchio, the（ポンテ・ヴェッキオ）

イタリアのフィレンツエ（Florence）を流れるアルノ川（the Arno）に架かるアーチ橋（arched bridge*）。1345年に建造されたもので、長さ約85メートル。橋脚（pier*）と橋脚の間（スパン：span*）の数は3で、そのひとつの距離約27メートル～32メートル。

橋の両側に並ぶ宝石店などの店舗は外側へ張り出す形になるが、旧ロンドン橋（Old London Bridge*）の場合と同じように、その床は幾本もの筋違いで支えられている。また、これらの店舗の上にも屋根つきの通路が走っていて、ピティ（Pitti）宮とウフィッツ（Uffizi）宮とを結んでいる。

当初の店舗は鍛冶屋、肉屋、なめし皮屋のそれであったが、やがて金細工職人や画工のそれになり、たちまちその数が増えていった。

49. Ponte Vecchio（ポンテ・ヴェッキオ）。店舗とその上の屋根つきの通路

4. Housed Bridge

Rialto Bridge（リアルト橋）

イタリアのヴェニス(Venice)を流れる大運河(the Great Canal)に架かる石造りのアーチがひとつの橋(single-arched bridge*)で、1587年に着工、1591年に完成。長さ約48メートル、幅約23メートル。橋台(abutment)と橋台の間（スパン：span*）の距離約28メートル、アーチの高さ約8メートル。アントニオ・ダ・ポンテ(Antonio Da Ponte：1512－97)の設計になる。

中央の通路をはさんで両側に店舗が並ぶ。アーチ橋のため通路は坂を成すので、階段式になっている。

50. Rialto Bridge（リアルト橋）

51. リアルト橋。アーチ橋のため橋床は坂を成し、中央通路は階段式

5. War Bridge
防備は万全の「戦橋(いくさばし)」

　中世(500－1500)には、戦争の際に敵の侵攻を食い止める目的で、橋に防御の備えを施したもの(fortified bridge)があった。例えば、道路と橋との接点には門塔(gatehouse; gate tower*)が立ち、「落とし門」(portcullis)で通行を遮断することも可能であった。「落とし門」というのは、門塔を貫く出入口に備えてある「格子組みの戸」で、鉄製もあれば、オーク材(oak)を用いた木製の戸を鉄で補強したものもある。いずれの場合も、縦の組み柱1本1本の下端の部分は四角錐で尖っている。この格子戸を出入口の両脇につけた溝にはめ込み、鎖や綱で垂直に吊し、滑車などを利用して上げ下げするこしらえになる。つまり、これを下ろしてしまえば、敵の侵入および退却を断つことができるわけである。

52. portcullis(落とし門)。ウォーリック城(Warwick Castle)

5. War Bridge

　また、橋床の片方の端部あるいは両端部に、「吊り上げ橋」(drawbridge*)の仕掛けをしておくこともあった。門塔から見て川の向こう岸に届いている橋の先端に鎖や綱を取りつけてあって、敵の侵入や退却を断つためには、滑車などを利用して橋床を吊り上げる仕組みになっていたのである。

　あるいは、「マチコレーション」(machicolation)といって、門塔の上から、溶かした高熱の鉛や熱湯、そのほか岩石や火をつけたものなどを、敵の頭上に落とすための備えもあった。これは門塔の頂部の外壁から外側へ張り出すこしらえに

53. drawbridge(吊り上げ橋)。
　　ドーヴァー城(Dover Castle)

54. machicolation
　　(マチコレーション)。
　　ウォーリック城

― 71 ―

なるが、その底部には下が見通せるように開口部が設けてあった。

　しかしながら、後の時代になると、例えば駅馬車(stage coach)などが通行するには、門塔の出入口(tower gateway)の幅が狭過ぎて邪魔になるとの理由で、そういう橋のほとんどが取り壊されてしまったのである。従って、門塔に備えられていた防御設備も、今日ではそのほとんどが橋そのものと共に姿を消してしまったといってよいが、城などのこしらえの中には見て取ることもできる。

　ちなみに、当然ながらヨーロッパの橋にもこのタイプは少なくない。例えば、フランスのカオール(Cahors)のロット川(the Lot)に架かる「ヴァラントレ橋」(Pont Valentré)。14世紀の石造りのアーチ橋で、3基の門塔を備え、アーチ(arch*)の数は6。ドイツのレーゲンスブルグ(Regensburg)の「大石橋」(the Steinerne Brücke)は12世紀の石造りのアーチ橋(arched bridge*)。橋上にあった3基の門塔はその後に撤去されてしまった。チェコのプラハ(Praha; Prague)にある「カルルス橋」(Karlsbrücke)はモルダウ川(the Moldau)に架かる。全長は516メートル、アーチの数は16で、2基の門塔がある。この橋は聖母マリアや聖者など15の彫像があることでも知られている。

　但し、軍隊の輸送など軍事上の目的で架けた橋は、必ずしも上述のような防御の備えが施されているわけではなく、'military bridge*'と呼ばれるが、これについては以下関連項目に示したAberfeldy Bridgeを参照。もっとも、この'war bridge'も広義の'military bridge'といえる。

55. Rotherham Bridge(ロザラム橋)の上を走る1900年頃の駅馬車

5. War Bridge

　E.C. プルブルックはエッセイ『イングランドの田園』の第6章「古代の橋」 (Ancient Bridges) の中でこの橋に触れ、「マノウ橋」(Monnow Bridge*) と 「ウォークワース橋」(Warkworth Bridge) を例に挙げている。

　　In times of unrest and civil war the contending forces would endeavour to seize the fords and bridges to hinder the advance of the other side. As a consequence the approaches to important bridges were often fortified; sometimes a castle that stood close beside them would command them effectually, while in other cases a strong tower was erected at the end of the bridge itself. A fine example of such a bridge may be seen over the Monnow at Monmouth, while at the south end of the bridge over the Coquet at Warkworth stands the lower portion of a fortified gatehouse which require a deal of forcing.
　　　　　　　―― Ernest C. Pulbrook: *The English Countryside*

（政情不安や内戦の時代には、争っている軍は互いに相手方の進行をくい止める目的で、川の浅瀬や橋を努めて自分たちのものにしようとしたものです。その結果、重要な橋へのアプローチは防御の備えが施される場合が多かったのです。近くに構える城が橋を有効に掌握することもあれば、橋自体の端部に頑健な塔が建てられる場合もありました。そのような橋の見事な例としては、マンマスを流れるマノウ川に架かるものや、ウォークワースのコウケト川に架かる橋の南端部に立つもので、難攻な防備を施した門塔の下の部分が残存しています。）

Monnow Bridge（マノウ橋）

　イングランドの旧州マンマス (Monmouth) の州都マンマスは、現在ではウェールズ東南部のグウェント州 (Gwent) に属すが、そこを流れるマノウ川 (the Monnow) に架かる。現存する「戦橋」の中では保存状態が最もよい。

　12世紀中頃には木造の橋であったが、1272(1262?)年に石造りになったと推定されている。アーチ (arch*) は3つで、リブ・アーチ (ribbed arch*) のつくりになる。橋の上にそびえる 'Monnow Gate' と呼ばれる門塔 (gate tower*) は

56. Monnow Bridge（マノウ橋）

　1300年頃につけ加えられたものである。後にマンマス城（Monmouth Castle）を中心に町全体が市壁（town walls）で囲まれた際、ここが重要な防御地点のひとつになるわけで、橋（toll bridge*）の通行料もここで徴収された。この門塔は後の時代には、橋の管理人（porter）の住まい（lodge）としても使われ、18世紀には、軍の詰所（guardroom）、獄舎（lock-up）、さらに19世紀の後半には貯蔵室（storeroom）などとして利用されたりもした。トイレ（garderobe）も備えられていた。
　塔の屋根の下には小さな3つのアーチで突き出した上述の「マチコレーション」（machicolation*）があり、中央部の出入口（tower gateway）の左手には十字形の矢狭間（arrow slit）が残存している。当初は「落とし門」（portcullis*）も備わっていた。これは、入口の両脇の壁の溝にはめ込み、鎖や綱で垂直に吊して上げ下ろしすることができ、敵の侵入および退却を断つためのものである。木造の格子戸を鉄で補強してあって、その縦の組み柱の1本1本の下の先端部は尖ったこしらえになる。
　橋自体は18世紀の初めには手を加えられ、幅の拡張工事が2度行なわれている。また、19世紀に入って中央部の出入口の両側にも小さな出入口が貫通されているが、これは橋の両端部を歩道としているため、通行人の便宜を計ったものである。

5. War Bridge

57. マノウ橋の門塔。当初は落とし門が備えられていた

Warkworth Bridge（ウォークワース橋）

　イングランド最北部のノーサンバーランド州(Northumberland)を流れるコウケト川(the Coquet)に架かる。14世紀の建造になるもので、橋脚(pier*)と橋脚の間の距離(スパン：span*)が18メートル強の弓形[欠円]アーチ(segmental arch*)を2つ持つ。アーチはリブ・アーチ(ribbed arch*)のつくりになる。門塔(gate tower*)には独房もあって、後世には泥酔者などを懲らしめのために入れて置くのに使われたこともあった。

　橋脚につく三角形の「水よけ」(cutwater)は典型的な中世のそれで、欄干の高さにまで立ち上げられ水流の方へ突き出す形になっているので、そこに立って川面を見下ろすには格好の場所となる。

58. Warkworth Bridge
（ウォークワース橋）。
左端が門塔

59. ウォークワース橋の門塔の
入口。今日では車の通行は
禁止

60. ウォークワース橋。橋脚に
つく3角形の水よけは中世
の典型

5. War Bridge

61. ウォークワース橋。水よけは欄干の高さにまで達し、水流の方へ突き出す

Stirling Bridge（スターリング橋）

　スコットランド中部のセントラル州(Central)にある町スターリングを流れるフォース川(the Forth)に架かる。現存する橋は1400年頃の建造になるものだが、それ以前の橋を引き継いだ形になる。最初の橋は、1297年の「スターリングの戦い」(the Battle of Stirling)で、ウィリアム・ウォレス(William Wallace：1272?－1305)率いるスコットランド軍がイングランド軍を打ち破った舞台として知られる橋である。彼はヒュー・デ・クレスィンガム(Hugh de Cressingham)の率いるイングランド軍がその狭い橋を渡り切ったところを見計らって攻撃を仕掛け、敵の援軍が渡る前に橋を破壊した。彼の軍勢は約15,000人、敵軍は約50,000人～60,000人とされる。これはスコットランドの独立を目指した戦争で、その後に彼が収めた一連の勝利のスタートになったことで知られている。

　この橋は18世紀の末葉までは、文字通りスコットランド北部への重要な懸橋であったが、古くなり、今日では車など重量のあるものの通行は禁じられている。代わって別の新しい橋がすぐ近くに架けられているが、古い橋の方は'Old Bridge'と呼ばれ、モニュメントとして今もなお市民に愛着を持たれている。

　最初に建造された時には橋の両端部に防御用の門塔(gate tower*)があったと考えられるが、現在では消失していて、代わりにオベリスク(obelisk)状の柱が立てられている。中央部の2つのアーチ(arch*)は、その橋脚(pier*)と橋脚の間の距離(スパン：span*)が約18メートルになる。

62. Stirling Bridge(スターリング橋)の全容

63. スターリング橋。
橋脚の土台と水よけ

64. スターリング橋。
オベリスク状の柱

5. War Bridge

65. スターリング橋の石を敷き詰めた橋床

Aberfeldy Bridge（アバーフェルディー橋）

　スコットランド東部のテイサイド州（Tayside）を流れるテイ川（the Tay）に1733年に架けられた石造りの軍事橋（military bridge）。ジョージ2世（George Ⅱ：在位1727－60）の時に軍の最高司令官（commander-in-chief）であったG. ウェイド（George Wade：1673－1748）の指示で建造された40基の軍事橋のうち、残存するもので注目に値する唯一のものといえる。5つの完全半円アーチ（semicircular arch*）を持つが、中央部が一番大きく、その橋脚（pier*）と橋脚の間の距離（スパン：span*）は約18メートル。その2基の橋脚の上の欄干（parapet*）からは左右計4本の石造りの装飾的オベリスク（obelisk）が立つ。設計者は有名なR. アダム（Robert Adam*：1728－92）の父親のW. アダム（William Adam）。

　名誉革命（the Glorious Revolution：1688－89）により王位を追われフランスへ亡命したジェームズ2世（James Ⅱ：在位1685－88）の復位を要求して反乱を起こしたいわゆる「ジャコバイトの反乱」（the Jacobite Rising：1715－16）以後、低地地方（the Lowlands）の商業都市と高地地方（the Highlands）とを結び、かつ両者の安全を確保する目的で道路と橋造りがなされた。前者を「軍事道路」（military road）、後者を「軍事橋」（military bridge）と呼ぶが、軍事橋は「道路橋」（road bridge*）でもあるので 'military road bridge' ともいう。

66. Aberfeldy Bridge（アバーフェルディー橋）

　ウェイドは高地地方の要塞都市(fort)と要塞都市との間の軍隊移動など連絡の改善を図るために、砂利で舗装した幅約5メートルの直線的な道路を通したが、その途上の水流の浅瀬(ford)には橋を架けたのである。
　ちなみに、軍事道路はイングランドでも1751年～1758年にかけて、西北部のカンブリア州(Cumbria)の都市カーライル(Carlisle)と、北東部のタイン・アンド・ウィア州(Tyne and Wear)の都市ニューカースル・アポン・タイン(Newcastle upon Tyne)との間に敷かれた。

6. Arch(ed) Bridge
清流に架かる石の芸術「アーチ橋」

　橋の両端部を支える台を橋台(abutment)というが、その橋台と橋台の間、つまり、川のこちら岸から向こう岸までがアーチ形(arch*)になっている橋、あるいは、橋台と橋脚(pier*)の間、さらには橋脚と橋脚の間がアーチ形になっているタイプを指す。アーチの数を数えて、「アーチがひとつの橋」(single-arch(ed) bridge)、「アーチが3つの橋」(three-arch(ed) bridge)などという。

　橋の構造というものは、過去の時代から現代に至るまで、基本的には実は変わっていない。つまり、川の両岸に桁を水平に渡した「桁橋」(beam bridge; girder bridge*)と、後述する「吊橋」(suspension bridge*)と、それにこの「アーチ橋」を加えて、三種類に分けることができる。

　そのアーチであるが、そもそもくさび形の石を接続させて半円アーチ(round arch)を造ることを案出したのはエトルリア人(Etrurian; Etruscan：小アジアからイタリアの中西部へ移住)で、それを受け継ぎ、一層正確な技術に高め、応用発展させたのは古代ローマ人であった。具体例で見れば、現存はしないものの

67. four-arched bridge(アーチが4つの橋)。
　　ソールズベリー(Salisbury)のエイヴォン川(the Avon)

古代ローマ最古の石のアーチ橋(紀元前6世紀)として知られるものは、イタリアのテヴェロネ川(the Teverone：今日のアニオ川(the Anio))に架かり、半円アーチで、橋台と橋台との間の距離(スパン：span*)は22メートルであった。
　西ローマ帝国の滅亡(AD 476)の後のいわゆる「中世暗黒時代」(the Dark Ages：476－1000)には、それまで古代ローマ人が培ってきた架橋技術も忘れられてしまっていたが、12世紀に入ると石造りのアーチ橋が再び築かれ出した。例えば、ドイツのレーゲンスブルク(Regensburg)でドナウ川(the Danube)に架かる大石橋(the Steinerne Brücke)やドレスデン(Dresden)のエルベ橋(Elbe Brücke)、チェコのプラハ(Praha; Prague)のモルダウ橋(Moldaubrücke：現カルルス橋(Karlsbrücke))、フランスのアヴィニョンの橋(Pont d' Avignon*)、旧ロンドン橋(Old London Bridge*)などである。しかしながら、これらの橋はローマ時代のレベルには達していないものであった。特に橋脚を設置する基礎工事に不備な点が多く、橋脚自体も太過ぎていて、結果として川の流れをせき止めるといっても過言ではない状態(☞ housed bridge)であった。
　もっとも、この時代にはアーチを築く上で画期的な方法が考案されている。これまでのように岸から岸へアーチ形の橋床を一遍に渡すのではなく、いわば幅の細い帯を何本か間隔を置いてアーチ状に架け、その後でその間隔を埋めてつなぐようなものである。先ず支保工(centering)というアーチ形をした木造の仮の枠組みを渡す。それを土台にして、つまり、その枠組みの上にアーチ形を形成するように石やレンガをひとつずつ載せて行くが、石やレンガは自分たち相互の押圧力でアーチ形を維持するわけである。後に仮枠は取り外されるが、文字通り肋骨(リブ：rib)を思わせるようなものが残ることになる。こういう具合にリブと呼ばれる幅の狭い石造りのアーチの帯を何本か間隔を置いて渡し、さらにその後にその隙間を板状の石で埋めてつなぐことによって、全体でひとつの幅の広いアーチができあがる。このリブ・アーチ(rib arch; ribbed arch*)を用いた橋は、従来の方法に比べ、完成までの時間と建材の節約になるだけではなく、橋全体の重量を減らし、橋脚にかかる重量をも減らすことで、工事中の事故も減ずることを可能にしたのである。例えば、イングランド東北部のダラム州(Durham)のエルベット橋(Elvet Bridge)は、12世紀後半にH. パドスィ［パッズィ］(Hugh Pudsey)司教によって完成を見たものであるが、当時は橋の両端部にそれぞれ

6. Arch(ed) Bridge

68. リブ・アーチ (rib arch) のつくり。ダラム州の州都ダラム (Durham)

あった礼拝堂 (☞ chapel bridge) は今日ではないものの、橋自体はリブ・アーチを応用した中世の橋の記念物として現存している。

　K. フォレットの小説『地の柱』は 12 世紀を時代背景にした物語だが、その第 8 章には、大聖堂 (cathedral) が建てられ始めた場面の描写があって、身廊(しんろう) (nave) と側廊(そくろう) (aisle) との境界にあたるアーケード (arcade) のアーチの建造に、上述の橋の場合と同じ技術が使われていることが示されている。

> The eight massive piers of the arcade marched down either side of the site in four opposed pairs. From a distance, William had thought he could see the round arches joining one pier with the next, but now he realized the arches were not built yet — what he had seen was the wooden falsework, made in the same shape, upon which the stones would rest while the arches were being constructed and the mortar was drying.
>
> —— Ken Follett: *The Pillars of the Earth*

(その用地にはアーケードを形づくる 8 本の太い角柱が左右 4 本ずつ対になって平行して走っていた。ウィリアムは離れた距離から見た時には、半円アーチが柱と柱を繋いでいるというふうに思ったが、今こうして近づいて見

てみると、アーチはまだ出来上がっていなかった。遠方から彼が目にしていたものは、アーチ形につくられた木製の仮枠であって、その上に石を載せてモルタルが乾きアーチが完成するまで、あてがって置くためのものであったのだ。)

その後中世という時代を経てルネサンス期(the Renaissance：約1400～約1600)になると、古代ローマの半円形のアーチよりももっと扁平な形のアーチが考案されるようになったが、概略は以下の通りである。

(1) 弓形アーチあるいは欠円アーチ(segmental arch)といって、完全半円アーチ(semicircular arch*)のように円の半分の形ではなく、円のほんの一部分に相当するアーチ形で、上述のスパンをより大にし、線の流れをより優美に見せることを追求して用いられた。但し、築くには地盤をより堅固にする必要があるなど、半円アーチよりも高度な技術が求められた。このアーチを取り入れた橋の例として有名なものには、「家つき橋」(housed bridge*)の関連項目で詳述した「ポンテ・ヴェッキオ」(Ponte Vecchio*)や「リアルト橋」(Rialto Bridge*)などがある。

(2) 楕円を半分にした形の楕円アーチ(elliptical arch)のヴァリエーション

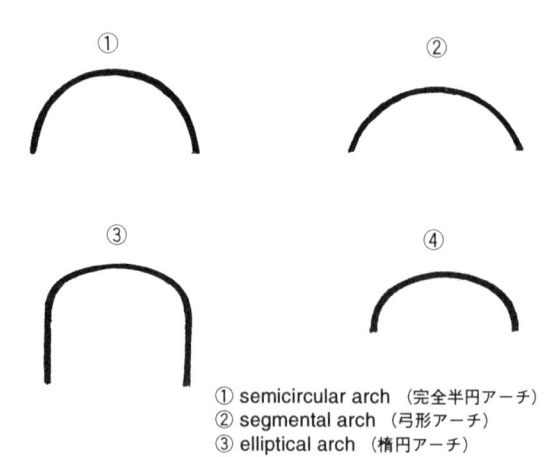

① semicircular arch （完全半円アーチ）
② segmental arch （弓形アーチ）
③ elliptical arch （楕円アーチ）
④ basket arch （バスケットアーチ）

69. 4種のアーチ

6. Arch(ed) Bridge

ともいうべきものも登場した。バスケット[篭]の取っ手を思わせる形のバスケット・アーチ(basket arch; basket-handle arch)で、これを用いた代表例としては、イタリアのフィレンツェ(Florence)に1567年に架けられた「サンタ・トリニータ橋」(Ponte Santa Trinita)が挙げられる。

田園に架かるアーチ橋で、素朴な姿形ながら絵画によく描かれるものを以下に挙げる。

● **Dinham Bridge**（ディナム橋）：イングランド中西部のシュロップシャー州(Shropshire)のラドロー(Ludlow)にあるアーチが3つの橋。ラドロー城(Ludlow Castle)のふもとを流れるテミ川(the Teme)に架かる。

70. Dinham Bridge（ディナム橋）

● **Malmsmead Bridge**（マームズミード橋）：イングランド西南部のデヴォン州(Devon)でR.D. ブラックモア(R.D. Blackmore)の小説『ローナ・ドゥーン』(*Lorna Doon*)の舞台となるエクスムーア(Exmoor)にある。17世紀の荷馬橋(packhorse bridge*)で、バッジャリ川(the Badgworthy[Bagworthy] Water)に架かる。

71. Malmsmead Bridge(マームズミード橋)

● **Stopham Bridge**（ストッパム橋）：イングランド東南部のウェスト・サセックス州(West Sussex)のプルバラ(Pulborough)の近くを流れるアラン川(the Arun)に架かる。1423年の建造でアーチの数は7。1822年には帆船が通過できるようにと中央アーチの高さだけは改造された。

● **Pack Bridge, the** （パック橋）：イングランド南部のウィルトシャー州(Wiltshire)のカースル・クーム村(Castle Combe Village)を流れるバイブルック川(the Bybrook)に架かる15世紀の橋。

また、アーチ橋というと石やレンガによる造りが連想されるのが通例だが、鉄製や木造のものもある。前者では関連項目に示した「アイアン・ブリッジ」(Iron Bridge*)があるが、後者はカール・ヴィーベキング(Karl F. Wiebeking：1762－1842)が開発した。木造の桁を幾枚も重ね合わせたものを曲げてアーチ状にするが、方杖トラスも組み合せてあって、「方杖アーチ橋」と呼ばれる。

童話や小説に頻繁に登場する橋のタイプのひとつはこのアーチ橋である。O. ワイルドの童話『幸福な王子』の中では、貧しくて住む家もないふたりの男の子が、寒さの中で空腹に耐えつつ、抱き合ってお互いに身体を暖め合っていたのも、このアーチ橋の下である。

Under the archway of a bridge two little boys were lying in one

6. Arch(ed) Bridge

72. Pack Bridge(パック橋)

another's arms to try and keep themselves warm. "How hungry we are!" they said.

—— Oscar Wilde: *The Happy Prince*

(とある橋のアーチの下では、小さな男の子がふたり、お互いに体を暖め合おうと抱き合って寝ていました。「あぁ　お腹がすいたなぁ！」とふたりはいいました。)

　E. オブライエンの「遠出」には、ファーレ夫人(Mrs Farley)が夫の目を盗んで妻のある男性とデートをしている場面があるが、ふたりは小型のヨットを走らせてアーチ橋の下をくぐり抜け海へ向かうことを夢見ている。

'I'd like that black one,' he said. He'd been admiring boats that were moored to the riverside. He'd rather have a boat than a car, he told her. They'd sail away under arched bridges, over locks, out to a changeless blue sea.

—— Edna O'Brien: 'An Outing'

(「ああいう黒いのが欲しい」と彼はいった。彼は川岸に繋ぎ止めてある何艘

ものヨットにさきほどから見惚れていたのだ。車よりはヨットを持ちたい、と彼は彼女にいった。ふたりはヨットを走らせ、アーチ橋の下をくぐり、水門を抜け、青い色が失せることのない海へと出て行きたいのだ。)

W. マッケンの『ダヴ兄妹の逃避行』は、幼い兄妹のフィン(Finn)とダーヴァル(Derval)が悪人から追われながらも、遠くアイルランドはゴールウェイ(Galway)に住む祖母のもとへ行こうとする物語だが、途中でアーチ橋の下で野宿をすることになり、兄の方がその辺りの様子を調べる下りがある。

'We won't be long now,' he said, because he saw the bridge ahead of him. He stopped on the bridge. It was a stone bridge. He looked over. It had three arches. It was a fairly wide river.
—— Walter Macken: *The Flight of the Doves*

(「もうじきだよ」と彼が妹にいったのも、前方に橋が見えたからであった。彼は橋の上で立ち止まった。それは石造りの橋であった。彼は下を覗いて見た。アーチが3つの橋であった。そうして川はかなり幅が広かった。)

humpback(ed) bridge (反り橋)

英語を直訳すれば「猫背橋」となるが、「アーチ橋」(arched bridge*)のひとつでもある。アーチ橋の中には橋床が平坦なものもあるが、それが曲線を描く場合、つまり、上り下りの坂を成しているタイプもあって、「反り橋」と呼ばれる。

実際に歩いて渡ってみると、反り具合は見かけほど急なものには感じられず、大抵は幅も狭く小さなこしらえになる。もっとも、中には輪を描くように反っている場合もあって、まさに「太鼓橋」といってもよいようなものもある。従って、「荷馬橋」(packhorse bridge*)も形態上はこの反り橋になるのが通例。

イギリスの川は泥炭(peat)の影響で褐色を呈している。褐色の岩石から成る川床を褐色の水が流れ、その川床と同じ褐色の石で築いたこの橋が、緑の丘や山を背景に、灰色の空(grey sky)の下に褐色の半円を描いて架かる様は、人工と自然との調和でこそあれ、周囲の景観を徒に乱すものでは決してない。人間の手になる造形美術の中でも、最も素朴にして最も美しい曲線を備えた作品ともいえる。

6. Arch (ed) Bridge

73. humpbacked bridge (反り橋)。
    湖水地方

74. 反り橋。
    ノース・ヨークシャー州の
    マラム村(Malham Village)

75. G. グリーン(Greene)の小説「無垢」の中で言及されている反り橋。ハーフォードシャー州の
    バーカムステッド(Berkhamsted)。今日ではかなり変容している

つまりは、ひとつの曲線の究極の美を、石を積み上げ、風雨に曝して磨くことで具現化したもの、とも見てとれるのである。イギリスの田園の細道を行けば、その両側には草に包まれたなだらかな丘がうねるようにつづいているかと思うと、平らな原が見える。その丘といわず原といわず、石垣(dry-stone wall*)や生垣(hedgerow*)がパッチワークよろしく囲いを成して伸び、囲いの中には牛や羊が青々とした草を食んでいる。あるいは小麦や大麦が黄金色に実っている。わらや石でふいた屋根の煙突からは白い煙が昇り、彼方には教会の尖塔を高く望む。道はその中をゆるやかに曲がりながらどこまでも走り、その先はこの「反り橋」に達するのである。

この橋は児童文学作品のイラストにもよく描かれる。例えば、ケイト・グリーナウェイ(Kate Greenaway)の『窓の下で』(Under the Window)には2点収められている。

小説ではG. グリーンの「無垢」の中に登場する。主人公の青年が、ロンドンのパブで知り合ったローラという娼婦らしき女性を伴って、長年にわたって顧みることのなかった自分の生まれ故郷の田舎町を訪ねる。停車場を出るや、薄い霧の立ち込める秋の夕暮の中に、運河に架かる小さな反り橋を渡り、灰色の石の箱とも見える救貧院を通り過ぎ、さらには、懐かしい学校、教会、と辿り始めるのだが、それは彼にとっては、図らずも自分の幼年期の記憶を辿ることと重なるのである。つまり、この反り橋こそが遠い昔日の思い出の糸を手繰る、いわば「振り出し」の地点になるのである。

> I took the bag... and said we'd walk. We came up over the little humpbacked bridge and passed the almshouses.... We passed the school, the church, and came round into the old wide High Street and the sense of the first twelve years of life.
> —— Graham Greene: 'The Innocent'

(私はその旅行カバンを手に取ると(中略)「歩こう」と彼女にいった。私たちふたりは小さな反り橋を渡り、立ち並ぶ救貧院を横に見て(中略)、学校、教会、と通り過ぎて、そうして最後には古くて幅のある目抜き通りへとやって

6. Arch(ed) Bridge

きた。それは取りも直さず私の人生の最初の12年間の感覚へとめぐりめぐって辿り着いたことと同じであった。)

A. シリトーの小説「ものまね」では、動物や人の声色をまねる少年が主人公だが、彼が運河に沿って我が家へ帰る途中にこの橋はある。

> On the way home a hump-backed bridge crossed a canal. I went down through a gate on to the towpath. On the opposite side was a factory wall, but on my side was a fence and an elderberry bush. The water was bottle green, and reflected both sides in it.
> —— Alan Sillitoe: *Mimic*

(家へ帰る途中には反り橋が運河に架かっていた。僕はゲートを通って引き船路へ出た。運河の向こう側には工場の塀が、こちら側にはフェンスと実をつけたニワトコの藪がつづいていた。そして、暗緑色の水面にはどちらの側も映っていた。)

この橋は当然ながらイギリスを舞台にした映画にも登場している。例えば、『メリー・ポピンズ』(*Mary Poppins*)では、メリー・ポピンズ、バート、ジェイン、マイケルの4人が、歩道画家(pavement artist)でもあるバートの描いた絵の世界へ入り込んでしまう。そうして、彼らがそれぞれメリーゴーランドの木馬に跨がって走って行く時に、典型的な石造りのこの橋を渡るシーンがある。『三十九夜』(*The 39 Steps*)でも見られる。主人公はあることがきっかけで、女スパイをかくまうはめになるが、彼女は殺され、一枚の地図が残される。彼はそれを頼りにスコットランドへ赴くわけだが、スクリーンにはハイランドの美しい山並みを背景に、如何にも年代を経た感のある石造りの橋が現われる。アーチがひとつの反り橋である。

アイルランドが舞台の『静かなる男』(*The Quiet Man*)には、ふたつのアーチを持つタイプが映し出される。アメリカ帰りの主人公が、一頭立ての馬車を雇って生まれ故郷へ戻る途上でこの橋に差し掛る。彼は馬車から降りるや橋の上に歩みを進め、暫しその欄干に腰を掛け、懐かしい我が家を彼方に見遣って感慨に耽るのである。欄干も含め全てが石のこしらえになるもので、主人公の渡る姿を目

で追えば、橋床も反ったつくりになっていることがわかるのである。

　このタイプの橋の中でも、その反り具合が大きく美しいことで知られるものを以下に2例示す。

◆**Brig o' Doon, the**（ドゥーン橋）：スコットランド西部のストラスクライド州（Strathclyde）でサウス・エアシャー（South Ayrshire）のアロウェイ村（Alloway Village）にあり、ドゥーン川（the Doon）に架かる。弓形［欠円］アーチ（segmental arch*）ひとつの橋で、橋台（abutment*）と橋台の間の距離（スパン：span*）は約21メートル。大部分は砂岩（sandstone）の切石を用いている。

　15世紀の建造だが、1832年に1度、さらに1979年～1980年にかけてもう1度、修理修復が施されて今日に至る。

　R. バーンズの「シャンターのタム」に登場する橋はこのドゥーン橋であるとされている。市の立ったある日の晩、主人公のタムがいつものことながら、飲み仲間と酒に酔い痴れたあげくに、雷鳴とどろく嵐の闇夜に牝馬のメグ（＝マ

76. Brig o' Doon（ドゥーン橋）

6. Arch(ed) Bridge

ギー)に乗って家路を辿った。その途上、アロウェイ村の教会にさしかかると、悪魔の前で魔女たちが下着1枚で踊り狂っていた。それを目撃してしまったタムは魔女たちに追いかけられるはめになるが、愛馬の力走のお蔭でドゥーン川を渡り切り、間一髪で一命を取り留めたという次第。

　但し、この物語の背景には、悪魔の力も川の真中から先には及ばないという言い伝えがある。また、文中の 'key-stane' は「キーストーン(keystone)」のことで、アーチの要(かなめ)として頂点に据えるくさび形の石を指し、装飾や魔除けの意味もあるが、この橋のようにアーチがひとつの場合は、橋の中央部の目印にもなることになる。

> Now, do thy speedy utmost, Meg,
> And win the key-stane of the brig;
> There, at them thou thy tail may toss,
> A running stream they dare na cross !
> But ere the key-stane she could make,
> The fient a tail she had o syake;
> For Nannie, far before the rest,
> Hard upon noble Maggie prest,
> And flew at Tam wi' furious ettle;
> 　　　　—— Robert Burns: 'Tam o' Shanter' (205 − 213)

(そら、メグ、ありったけの力で駆けろ、
　そして、橋のキーストーンまで辿り着くのだ、
　そこまで行けば、あいつらに尻尾を振って見せてやれるぞ、
　あいつらに川の流れは渡れっこないのだ。
　だがしかし、メグの脚が橋の真中にかからぬうちに、
　振って見せるはずの尻尾の毛は1本残らずなくなっていた、
　魔女のナニーが一番乗りで、
　走りの見事なメグに追いすがり、
　タムめがけて凄まじくも飛びかかったからだった。)

◆**Clachan Bridge**（クラッハン橋）：スコットランド西部のストラスクライド州（Strathclyde）のアーガイル & ビュート（Argyll and Bute）とセイル島（the Isle of Seil）をつなぐ橋で、1792年の建造。設計はJ. スティーヴンスン（John Stevenson）。

'clachan'とはゲール語（Gaelic）で「村（village）」あるいは「小村（hamlet）」の意味。

77. Clachan Bridge（クラッハン橋）

Iron Bridge; Ironbridge（アイアン・ブリッジ）

　一般に橋の主要部分に 鋳鉄（cast iron*）や錬鉄（wrought iron*）などの「鉄材を用いてある橋」のことも 'iron bridge'（鉄橋）というが、これは固有名詞。正式名称は「コールブルックデイル橋」（Coalbrookdale Bridge）。イギリス産業革命の揺籃の地であるコールブルックデイルはイングランド中西部のシュロップシャー州（Shropshire）に属すが、その近くを流れるセヴァン川（the Severn）に架かる。設計者はT.F. プリチャード（Thomas Farnolls Pritchard）。1777年の着工で1779年に架設が完了し、1781年に開通。鋳鉄製で、全長約60メートル、高さ約15メートル、幅約7メートル。アーチ（arch*）は全部で3つだが、川を跨いでいる最大のアーチの距離（スパン：span*）は約31メートル。用いた鋳鉄

6. Arch(ed) Bridge

の総重量は約378トン。鉄材を用いた橋に最適の形態というものは、当時はまだ追究されていなかったため、従来の石造りの橋の形に代表的なアーチの形が取り入れられている。19世紀に部分的に改良されているが、水流に渡された最大のアーチの部分はほぼ原形を保っている。但し、橋床の中間点が数フィート尖った形に変形しているのは、橋台(abutment*)がアーチを押したためである。

産業革命の前までは製鉄には木炭が使用されていた。石炭を用いて鉄鉱石を精錬すると、石炭に含まれる硫黄が鉄に混入して質の劣ったものができあがる。そのために純度の高い炭素を得られる木炭の方が好まれていた。しかし、木炭に依存しすぎると森林の伐採とそれに起因する洪水など、環境破壊の問題を引き起こす。そこで、18世紀中葉にコークスによる製鉄技術を改良し、良質の鉄の量産に成功したのが、コールブルックデイル製鉄業者のダービー(Darby)一族であった。従来の水車動力に代わって、その頃完成されたJ. ワット(James Watt：1736－1819)の蒸気機関を利用してのことである。従って、この都市は当時世界最大の鉄の生産量を誇っていたわけで、そこに「鉄の橋」が誕生したのである。建設費の最大の出資者はA. ダービー3世(Abraham Darby Ⅲ)である。「アイアン・ブリッジ」という通称は、世界で最初に全面的に鉄を用いて建造された橋であることに由来する。というのは、単に鉄を橋の一部分に使用したものは、遥か遠い昔のインダス川流域(the Indus Valley)や中国において吊橋(suspension bridge*)として既に存在していたからである。また、その名称は今日ではこの町

78. Iron Bridge(アイアン・ブリッジ)

の名前にもなっており、かつ、この橋の架かる峡谷も 'the Ironbridge Gorge' と呼ばれている。

　ちなみに、鉄の種類とその性質について概略を以下に述べる。

　　銑鉄(せんてつ)(pig iron)：鉄鉱石(iron ore)から直接製鉄されたもので、炭素含有量が多い。
　　鋳鉄(ちゅうてつ)(cast iron)：上述の銑鉄を鋳造したもので炭素含有量が多い。硬いが脆(もろ)い。
　　錬鉄(れんてつ)(wrought iron)：炭素含有量が少ない。柔らかで粘りがあるので、カントリー・ハウス(country house*)の装飾を施した門扉などによく用いられたが、20世紀にはほとんど生産されなくなった。
　　鋼鉄(steel)：性質は上述の鋳鉄と錬鉄の中間になる。つまり、鋳鉄の「圧縮強度」と錬鉄の「引っ張り強度」の両方を持つ。
　　H. ベッセマー(Henry Bessemer：1813－98)がいわゆる「ベッセマー製鋼法」(the Bessemer process)を開発したことで鋼鉄の量産が進み、1870年代からは橋の建造にも使用されるようになった。彼の発明した技術は、溶かした鉄の中に酸素を送り込み高温にすることで余分な炭素を除去するという方法。

　コールブルックデイル橋は鋳鉄製であるため、「引っ張り強度」は低いが、「圧縮強度」は高いので、圧縮力が作用するアーチの形態の方が適していると考えられるわけである。ただし、時代を経ているため、自動車や馬車などの通行は1934年以降は禁止になっている。

　J. スィーモアの紀行文集『イングランド再訪』の第4章「ウェールズ国境地方」(The Welsh Marches)の中には、この橋の名称の起こりに言及した下りがある。

　　Ironbridge is called Ironbridge because the river there is spanned by the first bridge of iron made in the world. If the Industrial Revolution can be said to have started anywhere it started there.

6. Arch(ed) Bridge

—— John Seymour: *England Revisited*

(アイアン・ブリッジという名称で呼ばれているのは、その川に世界で最初の鉄製の橋が架けられているからにほかならないのです。産業革命が起こった土地を敢えて挙げるとなれば、まさにこの地なのです。)

また、一般に橋の主要部分に鋳鉄や錬鉄などの「鉄材を用いてある橋」、つまり、「鉄橋」のことも 'iron bridge' という。以下にその初期の例と他の章で扱わなかった例とを示す。

- ◆**Buildwas Bridge** (ビルドワス橋):イングランド中西部のシュロップシャー州(Shropshire)にあるビルドワス村(Buildwas Village)を流れるセヴァーン川(the Severn)に架かる鋳鉄製の橋。上述の「アイアン・ブリッジ」(Iron Bridge*)に近い。1796年に完成。T. テルフォード(Thomas Telford*:1757－1834)の設計になる鉄製の橋としては最初のものだが、イギリスに架けられた鉄製の橋では3番目になる。アーチの距離(スパン:span*)は約40メートル。それまでの石造りの橋が1795年の洪水で流されたために架け替えられた。

- ◆**Craigellachie Bridge** (クレイゲラッヒ橋):スコットランド東北部のグランピアン州(Grampion)のクレイゲラッヒを流れるスペイ川(the Spey)に架かる鋳鉄製の橋。1815年に完成。T. テルフォード(Thomas Telford*:1757－1834)の設計になる鉄製の橋の中でも特に美しくかつ建材の使用に無駄のないものとして知られる。アーチはひとつだけで、その距離(スパン:span*)は約46メートル。

- ◆**Wearmouth Bridge, the** (ウィアマス橋):イングランド東北部のタイン・アンド・ウィア州(Tyne and Wear)の港町サンダーランド(Sunderland)を流れるウィア川(the Wear)に架かる。イギリスに架けられた鉄製の橋では上述の「アイアン・ブリッジ」に次いで2番目。完成年は上記の「ビルドワス橋」と同じ1796年だが、最初の設計者のT. ペイン(Tom Paine)はテルフォードがビルドワス橋を企画する以前に既に設計を仕上げていたとされる。もっとも、後にその案にT. ウィルソン(Thomas Wilson)が修正を加えている。弓形[欠

円]アーチ(segmental arch*)がひとつだけの橋で、その距離(スパン:span*)は約72メートル。

以下の2例は他の章で取り上げなかった鉄道橋(railway bridge*)の場合である。

◆**Britannia Bridge, the**（ブリタニア橋）:ウェールズ西北部グイネズ州(Gwynedd)の沿岸と同州に属するアングルスィー島(Anglesey)との間のメナイ海峡(the Menai Straits*)に架けられた錬鉄製(wrought iron*)の鉄道橋。「チェスター・アンド・ホーリーヘッド鉄道」(the Chester and Holyhead Railway)を通すためのもので、1850年に完成。

設計者はR. スティーヴンスン(Robert Stephenson*:1803 − 59)。蒸気機関車の改良と完成、および世界初の鉄道(the Stockton and Darlington Railway*:1825)を通したことで知られるG. スティーヴンスン(George Stephenson*:1781 − 1848)は彼の父親。

箱型の橋桁(tubular beam; box girder)、つまり、断面が長方形の錬鉄製の箱を4つ連結させトンネル状にし、その中を列車が走るという構造(tubular bridge)になった。断面の高さ［縦］は約9メートル、幅［横］は約4.5メートル。箱は長さ約140メートルのものがふたつ海上に、約70メートルのものが

79. Britannia Bridge（ブリタニア橋）

6. Arch (ed) Bridge

81. ブリタニアが描かれている10ポンド切手

80. tubular beam（箱型の橋桁）

　ふたつ陸上にそれぞれ架けられ、橋の全長約461メートル。

　橋脚(pier*)の数は3で、石造り(red sandstone)。中央のそれは 'the Great Britannia Tower' と呼ばれ、海峡から突き出す 'Britannia Rock' という名の岩の上に建てられ、高さ約70メートル。他の2つは約65メートル。3つとも塔を成して箱桁より上に高く迫り出すこしらえになる。中央の橋脚の頂部にはブリタニアの彫像が載る予定であったが、取り止めになった。ちなみに、ブリタニアというのはイギリスを象徴する女性像で、兜(helmet)をかぶり、右手に三叉の槍(trident)、左手にオリーブの小枝を持ち、国旗ユニオン・ジャック(Union Jack)の図柄の盾(shield)を脇に置いて座っている。時には傍らにライオンを侍らせた姿に描かれることもある。

　また、橋脚自体のデザインはエジプト風で、さらに、トンネルの出入口にはそれぞれ2頭のスフィンクスに似たライオン像が据えられた。もっとも、当初は一層の安全を図るため、この橋脚の頂部から箱桁をチェーン・ケーブル(chain cable*)で吊り下げる予定であったが、最終的には不要とされた。

　しかし、この橋は1970年に火災に遭って後、別の道路兼鉄道橋に架け替えられて今日に至る。

ちなみに、スティーヴンスンは箱型の構造を持つ橋としては、1849年にコンウェイ橋(the Conway Bridge*)、翌年にこのブリタニア橋、そして1860年にセント・ローレンス河川橋(the St. Lawrence River Bridge)を完成させているが、残存するのはコンウェイ橋のみとなった。☞ Menai Bridge; Conway Bridge

◆ **Tay Bridge, the**（テイ橋）：架橋史上有名な「テイ橋の大惨事」(the Tay Bridge disaster*)として記憶に残されている。スコットランドのふたつの都市エディンバラ(Edinburgh)とダンディー(Dundee)の間には、ふたつの湾—フォース湾(the Firth of Forth*)とテイ湾(the Firth of Tay)—があるため、鉄道路線は連絡されていなかった。前者には後に「フォース橋」(the Forth Bridge*)が架けられるが、後者に渡されたのがこの橋である。錬鉄製(wrought iron*)で、全長約3264メートルは当時世界最長を誇った。橋脚(pier*)と橋脚の間(スパン：span*)の数は全部で84(85?)。設計者はT. バウチ(Thomas Bouch)。工事は1871年～1877年までかかり、1878年5月31日に開通。ヴィクトリア女王(Victoria：在位1837-1901)は開通式にこそ出席しなかったものの、翌1879年の6月に列車でここを渡っている。

　しかし、1879年12月28日日曜日の夕刻(7時15分?)、客車を引いた郵便列車(the North British mail train)が橋の中央部に差し掛かった時、秒速30メートルに近い強風(gale)に遭い、橋は崩壊し列車は海中に沈み、75名(以上?)の犠牲者を出し、生存者はひとりもいないという大事故が発生した。建造に要する時間とコストの削減を第一に重んじ、安全性と耐久性の面は二の次にされたことがその最大の要因で、特に風力に対する橋脚の弱さなど設計上の不備が指摘されている。

　バウチは当初その業績で 'Sir' の称号を与えられ、次のフォース橋の設計も依頼されていたが、事故の4ケ月後に失意のうちに世を去った。

　その後、1882(1883?)年～1887年にかけて新たな鉄道橋が架け替えられて今日に至る。正式名称は 'the Tay Rail Bridge' で、旧橋とほぼ同じで全長約3136メートルは、鉄道橋ではイギリス最長である。上記のフォース橋共々これでエディンバラとアバディーン(Aberdeen)間が繋がれたわけである。また、

6. Arch(ed) Bridge

　この橋の上流には'the Tay (Road) Bridge'と呼ばれるイギリス最長の道路橋(road bridge*)が、1966年8月18日にエリザベス女王(Elizabeth Ⅱ：在位1952－)の出席の下に開通になった。全長約2250メートル、水面からの高さ約10メートルの有料橋(toll bridge*)で、ダンディーと東部のファイフ州(Fife)のニューポート・オン・テイ(Newport-on-Tay)とを結ぶ。設計者はW.A. フェアハースト(William A. Fairhurst)。

　新旧ふたつの鉄道橋について、W.T. マゴナグル(William Topaz McGonagall：1830－1902)は3編の詩を書いている。ひとつは事故で崩壊する前の旧橋、次は事故に遭った旧橋、もうひとつは新橋のそれである。但し、テイ湾をテイ川と表現している。

　落橋以前の橋については「時代の驚異であり、この上なく美しい眺めであり、テイ川の装いにまことにうってつけ」(The greatest wonder of the day / And a great beautification to the River Tay / Most beautiful to be seen) ('The Railway Bridge of the Silvery Tay', 5－7)と讃え、新橋のことも「比類なきこの鉄道橋を、身分の上下を問わず誰しもが、遠方から、東西南北から、訪ねてきて欲しい」(And I hope thousands of people will come from far away / Both high and low without dealay / From the north, south, east, and the west / Because as a railway bridge thou are the best / Thou standest unequalled to be seen) ('An Address to the New Tay Bridge', 34－8)とうたっている。

　そうして、くだんの事故については8連から成る詩を発表している。但し、彼は犠牲者の数を90名としているが、今日では約75名と推定されている。もっとも、正確な数は今以て不明である。

> Beautiful Railway Bridge of the Silv' ry Tay!
> Alas! I am very sorry to say,
> That ninety lives have been taken away,
> On the last Sabbath day of 1879,
> Which will be remember' d for a very long time.
>
> 'Twas about seven o'clock at night,

> And the wind it blew with all its might,
> And the rain came pouring down,
> And the dark clouds seem' d to frown,
> And the Demon of the air seem' d to say —
> "I' ll blow down the Bridge of Tay."
> ・・・
> So the train mov' d slowly along the Bridge of Tay,
> Until it was about midway,
> Then the central girders with a crash gave way,
> And down went the train and passengers into the Tay!
> —— William T. McGonagall: 'The Tay Bridge Disaster'
> (1 − 11, 29 − 32)

(銀色に光るテイ湾の美しい鉄道橋！
ああ！ 語るも悲しくつらいことながら、
90名の命が奪われてしまったのです、
1879年の最後の安息日に。
このことは人々の記憶にいつまでも残るでありましょう。

それは夜の7時頃のことでした、
風は凄まじく吹き荒び、
雨も激しく降り注ぎ、
黒雲は怒りに眉を寄せ、
風神は「テイ橋を吹き倒さん」といわぬばかりの剣幕でした。
—— 中略 ——
そういうわけで列車はテイ橋をゆっくりと進んで行き、
橋の中ほどまで差しかかりました、
まさにその時、中央の橋桁が音をたてて崩れたのです、
そうして列車も乗客も共々に水中へ落下して行ったのです！)

7. Footbridge
田園の細道つなぐ「歩み橋」

　イギリスには「パブリック・フットパス」(public footpath*) といって、「歩行者専用の道」でしかも「公道」になるものが随所にある。都会にもあるが、特に田園地帯には、美しい丘陵や森林や湖畔などを散策できるように、それが網の目のように行き渡っている。そうして、そのような細道小径が清流に行き合うところには、大抵、素朴なこしらえの橋が架かっているものである。今歩いてきた小径をそっくりそのまま向こう岸まで伸ばしたような、あるいは、周囲の景観をできる限り壊さぬように保った上で、今進んできた細道を川を越えた彼方へつなぎ渡すための工夫——とでもいうべきこの橋は、時には、岸辺の緑の木立に見え隠れして、時には、赤茶色の歩き道の土ぼこりに染まって、また時には、歳月の移ろいの中に苔蒸していて、とうに自然の一部と化したようなたたずまいさえ呈している。

　このタイプの橋は、人間は歩いて渡ることができるが、車は通れない幅の狭い造りになる。木造のものが多いが、金属製もある。欄干(parapet)は橋の片側だけのこともあれば、両側につくこともある。橋床は平らに板を張るのが通例だが、時に反りがつく場合もないわけではない。まれに石造りのものに出会うと、緩やかなアーチ(arch*)を備えていることが多い。

　橋を用途によって分類すれば、このタイプは「歩道橋」あるいは「人道橋(じんどうきょう)」に入るわけだが、前者のような訳語では自動車道路に渡された「横断歩道橋」(overbridge*)だけを連想される恐れがあるのと、後者の訳語よりはもっと軟らかい表現の方がこの橋のイメージには合うことなどから、「歩み橋」としてみたが、「徒橋(かちばし)」としてもよいように思われる。

　また、同じ意味で 'pedestrian bridge' や、'pedestrian river crossing' も用いられるが、但し、単に 'pedestrian crossing' とすると異なる意味にもなることがある。これは、歩行者優先で車は停止しなければならない「横断歩道」のことで、具体的には 'zebra crossing' や 'pelican crossing' などを指す。もっとも、アメリカ英語ではそれを 'crosswalk' という。

82. footbridge（歩み橋）。欄干は片側だけの場合も少なくない。ケンブリッジシャー州のミルトン村（Milton Village）近辺

83. 歩み橋。ヨークシャー州のローズデイル・アビー村（Rosedale Abbey Village）近辺

84. 歩み橋。サマーセット州のエクスムーア（Exmoor）でター・ステップス（Tarr Steps）の近辺

7. Footbridge

英々辞典の類に見られるこの橋についての定義は余りにも簡略で、やや物足りなさを覚える場合があるが、18世紀のジョンソン博士(Dr. Johnson：1709－84)の『英語辞典』(1755)には次のように定義されていて明確である。

A bridge on which passengers walk; a narrow bridge.
—— Samuel Johnson: *A Dictionary of the English Language*

(人が歩いて渡るための幅の狭い橋。)

J.K. ジェロームに『ボートの三人男』という作品がある。英国的ユーモアを基調にしたもので、多くの国々で翻訳されるほどの評価を得た。主人公とジョージとハリスといった三人の若者が、生活に疲れた心身には「休養と環境の変化」こそが必要というわけで、テムズ川をボートでさかのぼろうとする話である。

サンベリーの水門にかかるところの橋の下で、笑いながら見守るほかの二人をよそに、ひとり主人公が流れを漕ぎ上ろうと奮闘努力する。5分間もオールを握りつづけたあげくに、もう橋の下を抜けた頃と思って顔を上げてみると、依然としてまだ先ほどの橋の下である。流れが速かったという次第。

実は、この橋こそ「歩み橋」であるから、つまり、幅は狭いのが通例なので、如何にボートが前へ進んでいなかったかが分かるというものである。

We were just under the little footbridge that crosses it between the two weirs, when they said this, and I bent down over the sculls, and set myself up and pulled. I pulled splendidly. I got well into a steady rhythmical swing. I put my arms and my legs and my back into it.... At the end of five minutes, I thought we ought to be pretty near the weir, and I looked up. We were under the bridge, in exactly the same spot that we were when I began, and there were those two idiots, injuring themselves by violent laughing.
—— J.K. Jerome: *Three Men in a Boat*

(我々のボートの位置は、川に設けた2箇所の堰の中間に架かる小さな歩み橋の真下であった。舵取りに回った友人ふたりの言を真に受けて、私は上体

を前へ倒してオールを握るや、ぐいと引いて漕ぎ出した。私は見事な漕ぎっ振りを見せてやった。直ぐに調子が上がって、安定したリズミカルな振幅運動に入った。両腕と両脚と背中の力を全て注いで漕いだのだ。(中略)5分が過ぎてボートはもう堰にかなり近づいた頃と思い、顔を上げて見てみた。何と、ボートは依然として橋の下だったのだ。しかも、漕ぎ始めた時と寸分違わぬ位置であった。おまけに、舵取りのふたりときたら馬鹿みたいに大笑いして、横腹を痛がっている始末であった。)

　もっとも、このタイプの橋は、何も田舎の川に渡されたものばかりをいうとは限らない。橋の用途にさえ合致していれば、都会であっても一向に構わないことになる。

　例えば、J. オーウエルの小説『牧師の娘』では、ロンドンのこの橋に言及した下りがある。牧師館から逃げ出して遍歴をつづける主人公のドロシーが、トラファルガー広場へ向かう途中の場面である。寒々とした夜風の吹く中を、彼女は鉄製の橋を渡りながら、ちょっと立ち止まる。そうして、下から立ち上ってくる濃い川霧に包まれて、思わず身震いするのだが、この時の橋も「歩み橋」と描写されている。

　　Dorothy turned to the left, up the Waterloo Road, towards the river. On the iron footbridge she halted for a moment. The night wind was blowing. Deep banks of mist, like dunes, were rising from the river, and, as the wind caught them, swirling north-eastward across the town. A swirl of mist enveloped Dorothy, penetrating her thin clothes and making her shudder with a sudden foretaste of the night's cold.
　　　　　　　　　── George Orwell: *A Clergyman's Daughter*

(ドロシーは左へ曲がり、ウォータールー通りを川へ向かって歩いた。彼女は鉄製の歩み橋の上で一寸立ち止まった。夜風が吹いていた。深く立ちこめた霧が、連なる砂丘の峰のように川から沸き上がってくるかと思えば、風に運ばれて渦を巻きながら町中を東北の方向へ流れて行った。ドロシーは薄着の身にしみ込んでくる霧の渦に包まれ、突然に思い知らされた夜の寒さの前

7. Footbridge

触れに身震いを覚えた。)

W.T. パーマーのエッセイ『イングランドの湖』の第7章には、湖水地方(the Lake District)にあってイングランドで最深の湖として知られるワーストウォーター(Wastwater)を訪ねる下りがあるが、雨の中の湿地帯(bog)を進んで行く際にこの歩み橋を渡って急流を越えている。

> Our boots full of water, wet to the thigh, we still squelched on. In a while we came to a narrow footbridge, and crossed the chief torrent. "Where is the path?" I knew not, nor cared.
> —— W.T. Palmer: T*he English Lakes*

(長靴は水びたしで、膝の上まで水につかりながら、それでもビチャビチャ音をたてて歩きつづけた。しばらくすると幅の狭い歩み橋へ辿り着いて、それで大きな急流を渡った。「径はどこだろう？」 そんなことは知りもしなかったし、第一気にもかけていなかった。)

ちなみに、映画『断崖』(*Suspicion*)の中ではやや変わった形で登場している。ヒロインは結婚後に土地の女性推理作家と親しくなるのだが、その作家が新たに本を出版する。そのタイトルが『歩み橋殺人事件』(*Murder on the Footbridge*)で、スクリーンには、橋のイラストが入った本の表紙が映し出される。しかし、字幕の方ではこの 'Footbridge' に、ただ単に「橋」の訳語を当てているだけなので、表紙のイラストにまで細かい注意を払わなければ、車も通行可能な通常のサイズの橋を連想しかねないことになる。

また、鉄道線路の上に架けられた「跨線橋」や道路の上に渡された「跨道橋」は 'overbridge' というが 'footbridge' ともいう。そして、2本の道路や鉄道線路が立体交差を成している場合、その上の方のこしらえを 'flyover'(アメリカ英語で 'overpass')といい、特にそれが歩行者専用の道路であれば 'pedestrian flyover' という。

G. グリーンの短篇小説「説明のヒント」には、玩具の電気機関車(electric train)を走らせるレールのセットが描かれている。そこにはこの「跨線橋」も入っている。

85. ハーフォードシャー州の町
バーカムステッド
(Berkhamsted)

86. pedestrian crossing の例。ポールに球を載せた Belisha beacon と縞模様の歩道 zebra crossing の組合せ。ケンブリッジ (Cambridge)

87. overbridge(跨線橋)。スコットランドのテイサイド州の町ピットロッホリー (Pitlochry)

7. Footbridge

There was a whole circuit of rails on the floor at our feet, straight rails and curved rails, and a little station with porters and passengers, a tunnel, a foot-bridge, a level crossing, two signals, buffers, of course — and above all, a turntable.

―― Graham Greene: *The Hint of an Explanation*

(足元の床の上には玩具の鉄道レールの周回路がひと組みあって、直線のレールや曲線のレール、それに赤帽や乗客のいる小さな駅、トンネル、跨線橋、平面交差、2基の信号機、もちろん緩衝器（かんしょうき）も、そうして何といっても転車台まで揃っていたのです。)

G. バントックはエッセイ集『我が愛しの島国』の第2章「島々について」(Of Islands)の中で、イングランド中部のバーミンガム州(Birmingham)にあって大工業地帯として知られる 'the Black Country' を取り上げている。そして、幾本もの高速道路(motorway)が立体交差(interchange)を成していて、上空から見るとまるでスパゲティが絡み合っているようなのでつけられたニックネーム 'Spaghetti Junction' を紹介しているが、そこで上述の 'flyover' に言及している。

Nearby is the famous "spaghetti" junction where three great arterial motorways, the M1, M5 and M6, converge in a veritable jungle of snarling ramps, bridges, underpasses and flyovers.

―― Gavin Bantock: *Dear Land of Islands*

(その近くには有名な「スパゲティ交差点」があって、3本の幹線高速道路のM1、M5、M6が一ヶ所に集合し、ランプや橋や地下道や立体道路が絡まり、錯綜し、本当にごちゃごちゃになっています。)

Pooh Sticks Bridge（クマのプーさん橋）

A.A. ミルンの童話『プー横丁にたった家』に登場する橋として有名。イングランド東南部のイースト・サセックス州(East Sussex)にあって、アッシュダウンの森(Ashdown Forest)に隣接するポウズィングフォードの森(Posingford

Wood)へ入るところに架かる木造の橋。歩み橋にしては横幅が相当に広く、歩行者はもちろんのこと馬に乗って渡るのも許されている。そもそもは馬や2輪の荷馬車（cart）を渡らせる目的で1907年に建造されたものだが、その後1979年および1999年に修復され、2000年に改めて開通になった。また、この森のすぐ近くにはハートフィールド村（Hartfield Village）がある。

　クマのプーがふとしたきっかけで、ひとつの遊びを思いつく。モミの木の毬果（きゅうか）（fir-cone：松かさ状の実）をふたつ拾って橋の片側から下の川に流し、どちらが先に橋を通り抜けて出てくるかを言い当てるというのである。やがて投げ入れるものが毬果から小枝（stick）に代わって、森の仲間たちの間で行なわれるようになるという話。この橋の名前を直訳すれば、「プーの小枝流し橋」とでもいうところ。

88. Pooh Sticks Bridge
　（クマのプーさん橋）
　の全容

89.「プーの小枝流しごっこ」
　　に興ずる子供たち

7. Footbridge

90.「クマのプーさん橋」が架かる森の小川

91. 橋のゆかりを刻んだプレート。作家ミルンと挿絵画家シェパードの名前も見える。

　気候のよい時節には、この橋を何組みもの親子が訪ねてきては遊びに興じている。橋の片側から小枝を投げ落としては、すぐさま反対側の欄干へ駆け寄り、下の流れを覗いては、歓声をあげている。子供のみならず大人までが童心の世界に帰ったかのように、時の経つのも忘れているように見受けられる。

　物語の舞台となっているこの森を流れる川とそこに架かる橋の描写は次のようになっている。ちなみに、この川はメッドウェイ川 (the Medway) へ流入している。

> By the time it came to the edge of the Forest the stream had grown up, so that it was almost a river, and, being grown-up, it did not run and jump and sparkle along as it used to do when it was younger, but moved more slowly....

There was a broad track, almost as broad as a road, leading from the Outland to the Forest, but before it could come to the Forest, it had to cross this river. So, where it crossed, there was a wooden bridge, almost as broad as a road, with wooden rails on each side of it.

—— A.A. Milne: *The House at Pooh Corner*

(森のはずれに流れてたどりつくころには、その小川はすっかり大人になっていて、もう一人前の川といってもいいくらいの成長ぶりでした。そこで、もう、若い時のようには、駆けたり、跳んだり、きらきら光ったりなぞはせずに、もっとゆったりと進んで行きました。(中略)田園の道といえば細道になるものですが、それはもう道路といってもいいくらい幅の広いもので、「外の世界」から森へと通じていました。でも、その道は森へ入る手前のところで川に行き当たっていました。そうして、道が川と出会うところには、道幅いっぱいに木の橋が架かっていました。橋の両側には木の欄干もついていました。)

物語の中では上述の遊びを指して 'Poohsticks'（プーの小枝流しごっこ）と呼んでいるが、A.A. ミルンの子供のクリストファー・ミルンも、エッセイ『魔法の森』の中でそれについて語っている。但し、橋の名称には 'Pooh Sticks Bridge' ではなく、'Poohsticks Bridge' のスペルを用いている。

And so, possibly before, but certainly after that particular story, we used to stand on Poohsticks Bridge throwing sticks into the water and watching them float away out of sight until they re-emerged on the other side.

—— Christopher Milne: *The Enchanted Places*

(そこで、ほかでもないあの物語が書かれてから後といってまちがいないと思われますが、でもその前からかも知れませんが、子供たちは「プーの小枝流し橋」の上に立って、小枝を川へ投げ入れては、それが流れて行って見えなくなったかと思うと橋の反対側から出てくるのを見守ったものです。)

8. Plank Bridge
童心の世界への架け橋「(厚)板橋」

　橋をその構造の面から見て分類すると、「アーチ橋」(arched bridge*)と「吊橋」(suspension bridge*)に「桁橋」(beam bridge; girder bridge*)を加えて三種類になる。その中の「桁橋」というのは、要するに川の両岸を橋台(abutment*)として、その間に橋桁を水平に渡したものをいう。つまり、強風に倒された大木が川のこちら岸から向こう岸まで届いてしまえば、それは取りも直さず「桁橋」の原始の姿ともいえるわけである。従って、川の中に橋脚(pier*)を築けば、橋桁を延長させていって、幅の広い川にも架けることが可能になる。既述した「継ぎ石橋」(clapper bridge*)も、石造りの「桁橋」のひとつと見なせるのも、そういう理由による。

　その同じ「桁橋」の中でも最も簡素なつくりになるものは、厚い板材(plank)を小川の両岸にただ渡しただけのタイプである。これは、日本で古来より使われてきた呼称にならえば単に「板橋」というべきところだが、英語を直訳すれば「厚板橋」となる。文字通り板材が1枚だけの場合が如何にも簡単素朴にして、周囲の自然の風景の中に融け入っている感じがする。もっとも、縦長の厚い板材を2～3枚組み合わせたものもある。あるいは、水流に2本の木造の桁を渡して、それに横板を幾枚も張っただけのつくり(☞ footbridge)を指すこともないわけではない。

　また、時には、欄干(parapet*)の代わりに橋の片側で、向こうとこちらの先端部にそれぞれ棒が1本ずつ取りつけてあることもある。結局は、木造の「歩み橋」(footbridge*)の一種になるわけだが、その中でもさらに規模が小さく簡便なこしらえになるもので、いわば「素朴の極めつきの橋」と見ることができる。

　5世紀～6世紀頃のサクソン時代(Saxon times)には既に橋は極めて重要視されていて、その修理事業は地主の三大義務のひとつでさえあった。しかし、特に田園地帯の川では、せいぜいこの厚板橋が架けられているに過ぎず、それ以外では橋なしで浅瀬(ford)を渡るというのが一般であった。

92. plank bridge(厚板橋)。ノース・ヨークシャー州の峡谷(Gordale Scar)から流れくるゴーデイル川(the Gordale Beck)に架かる

93. 厚板橋。ロンドンのハムステッド・ヒース(Hampstead Heath)

94. 厚板橋。ノース・ヨークシャー州のマラム村(Malham Village)

8. Plank Bridge

　ちなみに、このタイプの橋を 'clam bridge*' と呼ぶこともあるが、それは特に、板状の自然石を、しかも1枚だけ細流の岸から岸へ架け渡した場合に使われる用語である。そしてその場合は日本古来の呼び名では「板石橋」となる。歴史を持つ板石橋で残存しているものは少ないが、イングランド西北部のランカシャー州 (Lancashire) のワイコラー［ウィコラー］村 (Wycoller Village) や西南部のダートムーア (Dartmoor) を流れるティン［ティーン］川 (the Teign) の支流のウォラブルック川 (the Wallabrook) に架かるものなどが特に知られている。また、後者はエリザベス朝 (1558－1603) 以前のものと考えられている。

　イングランド北部のウェスト・ヨークシャー州 (West Yorkshire) のハウワース・ムーア (Haworth Moor) は、E. ブロンテ (Emily Brontë) の『嵐が丘』(Wuthering Heights) の舞台であるが、そこを流れるスレイデン川 (the Sladen Beck) に架かるものもこの板石橋である。「ブロンテ橋」(Brontë Bridge) と呼ばれているが、但し、これには後述する「カンティレヴァー橋」(cantilever bridge*) の要素もある。

　W. ワーズワスの有名な詩に「ルーシー・グレイ」というのがある。ヒース (heath; heather) の生い茂るムーア (moor*) と呼ばれる荒野の中に、両親と3人きりで暮らしている少女がヒロインである。母親が町へ出かけたはいいが、夜には吹雪になる気配に、父親からいいつけられてルーシーが迎えに行くことになった。しかし、予測に反してにわかの嵐に襲われ、彼女は母親に出会わぬ先に雪の荒野を道に迷う。両親は夜通し我が子を探し歩いた末、ようやく明け方になって、彼女の足跡を発見する。しかし、その足跡をたどって行くと、とある橋の中ほどまできて、それから先は消えていたのである。この物語に登場する 'plank' も、木造の「歩み橋」、とりわけ「厚板橋」をイメージしてよいように思われる。

> At day-break on a hill they stood
> That overlooked the moor;
> And thence they saw the bridge of wood,
> A furlong from their door.
> ....

> They followed from the snowy bank
> Those footmarks, one by one,
> Into the middle of the plank;
> And further there were none!
> —— William Wordsworth: 'Lucy Gray, or Solitude' (53－6)

（丘に登ったふたりには
ヒースの荒野に木の橋が
夜明けの光に見下ろせた
その向こうには我が家が近い。
—— 中略 ——
ふたりは雪の川堤から
ひとつひとつ足跡を辿った
それは橋板の中ほどまでつづいて
そこから先は消えていた！）

　T. ヒューズの小説『トム・ブラウンの学校時代』の中でも語られている。主人公の学校の近くを流れる川にこの橋が架かっていて、川の両側に広がる牧草地の中にまで伸びているというのである。全長50メートル前後に及ぶというから相当に長いものであるが、それには理由がある。イギリスでは、雨の多い冬の時節には川から出水することがあるが、そういう水はミネラルに富むため、むしろ牧草の生育を促すものなのである。従って、牧草地は冠水したままにされるが、それでも歩けるように橋を延長して渡してあったと考えられるのである。

> The footpath to Brownsover crosses the river by 'the Planks', a curious old single-plank bridge, running for fifty or sixty yards into the flat meadows on each side of the river....
> —— Thomas Hughes: *Tom Brown's Schooldays*

（ブラウンズオーヴァーへ至る歩き道は、板を1枚ずつ縦に継いだ奇妙な古い厚板橋で川を渡るが、川の両側に広がる平坦な牧草地の中にまで50ないし60ヤードも伸びている。）

8. Plank Bridge

95. C. ミルン (Milne) の『魔法の森』で
語られる橋を連想させる。
L. ハメット (Hammett) 画

童話『クマのプーさん』で知られる A.A. ミルンの子供のクリストファー・ミルンが幼き日を懐古しつつ書いたエッセイ『魔法の森』の中でも、この橋は言及されている。沼地が尽きるあたりで細道が流れにぶつかるところに、その「厚板橋」はあるというのである。☞ Pooh Sticks Bridge

At the end of the marsh the footpath crosses over the river above a weir, a plank spanning the water at the point where it curls smoothly over and crashes into the darkness, and a pole giving the nervous something to hold on to (and the daring something to swing on).

—— Christopher Milne: *The Enchanted Places*

(沼地が尽きるあたりで、歩き道は川を渡ることになりますが、そこは堰(せき)が設けてあるところより上流になります。橋の厚板が架けられているわけです

が、川はその地点でゆったりと曲がり、それから木の下陰へと音をたてて流れて行きます。橋にはこわがりが手でつかまれるように（勇敢な子はそれでどんどん歩いて行けるように）、1本の棒が備えてあるのです。）

K. フォレットの『地の柱』の第5章では、エイリエナ (Aliena) 姫が見た光景にもこの橋が入っていた。

> In some cases a little bridge, or a few planks, led across the brook to the building, but some of the buildings actually straddled the brook. In every building or yard, men and woman were doing something that required large quantities of water: washing wool, tanning leather, fulling and dyeing cloth, brewing ale, and other operations that Aliena did not recognize.
>
> —— Ken Follett: *The Pillars of the Earth*

（小さい橋、つまり何枚かの厚板が小川に渡されていて建物へと通じている場合もあったが、中には建物自体がなんとまあ小川を跨ぐように建てられているものもあった。どの建物の中でも庭先でも、女ひとりに複数の男が組んで、多量の水を使って仕事をしているところであった。羊毛の洗い、革のなめし、布の縮充と染め、エールの醸造、そのほかにもエイリエナ姫の知らない作業を行なっていた。）

A. クリスティーの『日の下の悪事』は、島の上のホテルを舞台に殺人事件が起きるのだが、H. ポアロ (Hercule Poirot) が一計を案じて、宿泊客の一行をヒース (heath; heather) の生い茂る原野で有名なダートムーア (Dartmoor) へピクニックに誘い出す。そして、丘のふもとを流れる小川に架かっていたのがこの橋で、ガードナー夫人を含めほかの者は難なくこれを渡るが、エミリー・ブルースター (Emily Brewster) だけは途中で足がすくんで動けなくなるという場面である。

> A narrow plank bridge crossed the river and Poirot and her husband induced Mrs. Gardener to cross it to where a delightful heathery spot free from prickly furze looked an ideal spot for a picnic lunch. Talking

8. Plank Bridge

96. clam bridge（板石橋）。通称は「ブロンテ橋」(Brontë Bridge)

volubly about her sensations when crossing on a plank bridge Mrs. Gardener sank down.

—— Agatha Christie: *Evil Under the Sun*

（幅の狭い厚板橋がその川には架かっていた。ガードナー夫人はポアロと夫に誘導されてそれを渡ると、刺(とげ)だらけのハリエニシダなどなくて弁当を開くには申し分のなさそうな、ヒースの生えている快適な場所まで来た。彼女は厚板橋の上を渡る時の気持ちを盛んにしゃべっていたかに見えたが、その場に座り込んでしまった。）

four-inched bridge （三寸(さんずん)橋；4インチ橋）

上述の板橋(plank bridge*)の変種ともいうべきタイプで、両岸にただ1本の角材を渡して、その上に幾本かの横木を釘で打ちつけただけの至って簡素というか、原始的なこしらえになる。つまり、「幅が約10センチの橋」という意味である。

スコットランド南部およびイングランド北部や中部、つまり、スコットランド

97. four-inched bridge（三寸橋）を思わせるつくり。
スコットランドのダムフリーズ＆ギャロウェイ州を流れるニス川（the Nith）からの引き水に架かる

　南部丘陵地帯からイングランド中部のダービーシャー州（Derbyshire）にかけての丘陵に富む地方で、幅が広く見通しの効く谷を指して'dale'という方言が使われるが、E. ゴードビィ（Edwin Goadby）の『シェイクスピア時代のイングランド』（*The England of Shakespeare*: Cassell & Company Ltd.; 1957）の第2章「イングランドの外観」（Appearance of the Country）によると、特にイングランド東北部の旧州ヨークシャー（Yorkshire）のデイルでは、今日でもこのタイプの橋に行き合うことあるという。(Small footbridges were made of a single balk of timber with nailed cross-pieces, such as many still be seen in the Yorkshire dales, where Chaucer's speech still lingers. The foul fiend who tormented poor Tom, in King Lear, made him "proud of heart to ride on a bay trotting-horse over four-inch bridges.")

　W. シェイクスピアの『リア王』では、嵐の夜にヒースの生い茂る荒野をさ迷うリア王と道化（Fool）を見つけたケント伯爵（Earl of Kent）が、ひとまず小屋へ避難を促した時、中から狂人を装って自分をトムと名乗るエドガーが登場して語る台詞に、この橋が用いられている。

8. Plank Bridge

Edgar. Who gives anything to poor Tom? Whom the foul fiend hath led through fire and through flame, through ford and whirlpool, o'er bog and quagmire; that hath laid knives under his pillow, and halters in his pew; set ratsbane by his porridge; made him proud of heart, to ride on a bay trotting horse over four-inched bridges, to course his own shadow for a traitor. Bless thy five wits! Tom's a-cold. O, do de, do de, do de.
—— William Shakespeare: *King Lear*, III. iv. 50 − 7

(エドガー:この哀れなトムめにお恵みくださるというのはどなたで？ 手前ときた日にゃ、悪魔の奴に引きずり回されること、火の中、炎の中、また、川の流れにその渦の中、はたまた、湿地や沼地というわけで。のみならず、枕の下には短刀が、椅子の上には首吊り縄が、粥と並べて猫いらずが添えられるという次第。さらには、自惚れの鼻を高くさせた挙げ句、幅三寸足らずの橋をば、鹿毛の馬の速駈けで渡らせるかと思うと、今度は手前の影法師を裏切り者と信じ込ませて、ぐるぐる追っ掛け回させるという始末。お前さんも正気を失いなさんなよ！ トムめは寒い！ あぁ、ぶる、ぶる、ぶる、だ。)

9. Roofed[Covered] Bridge
アーフタヌーン・ティーも楽しめる「屋根つき橋」

　日本古来の呼び方では「屋形橋」あるいは「廊橋」というべきもの。
　橋の中には、橋床の上に家屋が載る場合（☞ housed bridge）もあるように、「屋根」(roof)を備えているものもある。欄干(parapet)がつくはずの左右両側から幾本かの柱が伸びて屋根を支えるタイプでは、その片側あるいは両側とも、吹き放ちになっているのが通例である。
　このタイプの橋は豪華にして壮麗なこしらえになることが多く、大学のキャンパスなどにも見られる（☞ Bridge of Sighs）が、イギリスの場合一般の河川にというよりは、むしろ、カントリー・ハウスと呼ばれる貴族館などで、その敷地内に引かれた緩やかな清流に渡されて（☞ estate bridge）いる。
　庭園の細流に架かるこういう橋の用途のひとつに、「涼しい川風に吹かれなが

98. Tea House Bridge（茶室橋）

9. Roofed[Covered] Bridge

らアーフタヌーン・ティー(afternoon tea)を楽しむため」というのを挙げることができる。如何に天気の変わりやすい、何かといえばすぐに雨の降りかねないこの国でも、ここなら安心して、美を極めた眼前の庭の景観を鑑賞しながら、心ゆくまでゆっくりと午後のお茶の時間を過ごすことができるというものである。

　その時代背景としては、当時流行した「ティー・ガーデンズ」(tea gardens)の存在がある。我が国でも16世紀以後は、例えば、広い庭の池に面した「茶室」で茶をたてたりしているが、イギリスでは18世紀の末からヴィクトリア朝(1837－1901)にかけて、こういう場所で喫茶を楽しむことが流行を見た。そこはロンドン郊外の田園地帯につくられた施設で、広大な庭園を散策したり会話に興じたりしながら喫茶を堪能する趣向になっていた。男性のみならず子供連れの家族まで広く対象としたが、特に女性の社交の場として人気を博した。中には王室を初め上流階級の後援を受けているところもあった。敷地内には池や泉や彫像を配し、生垣を利用した「迷路」(maze)や'tea house'という「喫茶用の屋根つきの建物」が設けてあった。また、仮面舞踏会が開かれたり、花火が打ち上げられたり、ロトンダ(rotunda)と呼ばれる「丸屋根つきの巨大な円形の建物」の中ではコンサートも催されたりした。例えば、「ヴォクソール・ガーデンズ」(Vauxhall Gardens)や「ラネラ・ガーデンズ」(Ranelagh Gardens)はその代表的な存在であった。実はそのような'tea house'は富裕な個人の庭園にも取り入れられていたのである。中でも極めつきは、「橋」と「茶室」とを組み合わせたこしらえで、関連項目に示したオードリー・エンド・ハウス(Audley End House Bridge*)に見られるものである。　☞ Vauxhall Bridge

99. Audley End House(オードリーエンド館)

ちなみに、イギリス以外の国で知られている屋根つき橋を以下に4つ挙げるが、いずれも木造の橋であるため、橋床などが雨で腐食しないように屋根をかけてある。

- **Bridges of Madison County, the**（マディソン郡の橋）：アメリカの作家ロバート・ウォーラー（Robert James Waller）の小説のタイトルだが、アイオワ州（Iowa）の南部の町ウィンターセット（Winterset）にある5基の橋を指す。木造の屋根のみならず側面を羽目板で覆ってある。'Roseman Covered Bridge' や 'Holliwell Covered Bridge' などというふうに名称には 'covered' を用いている。また、この橋は、通過中なら連れの女性にキスをしても許されるというところから、'kissing bridge'（☞ kissing gate）ともいう。

- **Kappellbrücke, the**（カペル橋）：スイスのルツェルン（Lucerne）にある全長200メートルの木造の橋で、1333年の建造。

- **Ponte degli Alpini**（アルピニ橋）：イタリアのバッサーノ・デル・グラッパ市（Bassano del Grappa）を流れるブレンタ川（the Brenta）に架かる。ルネサンスの建築家パラディオ（Andrea Palladio：1508－80）の設計になる木造の橋で、1568年の建造。第2次世界大戦の終わり頃ドイツ軍が退却する際にこの橋を破壊したが、イタリアの特殊山岳部隊（the Alpini）が1948年に再建したことで、その功績を讃えてこの名称になった。☞ Audley End House Bridge

- **Sackingenbrücke**（ザッキンゲン橋）：ドイツのザッキンゲンとスイスのコプレンツ（Koblenz）の間に国境をつなぐ形でライン川（the Rhine）に架かる。全長200メートルの木造の橋で、橋脚（pier*）だけは石造り。建造の起源は13世紀だが、現在の形の元ができたのは1570年。

Audley End House Bridge （オードリーエンド館橋）

通称は 'Tea House Bridge'（茶室橋）。イングランド東南部エセックス州（Essex）の町サフロン・ウォールデン（Saffron Walden）近くにある元サフォーク伯爵（the Earl of Suffork）の敷地内にあるイリジャン庭園（the Elysian Garden）

9. Roofed[Covered] Bridge

の細流に架かる。カントリー・ハウス(country house*)をいくつも手掛けた建築家として有名なR. アダム(Robert Adam：1728 - 92)の設計で、1782年に建造された。パラディオ様式になるので、当屋敷の'Palladian Bridge'といえばこれを指す。後述した「ウィルトンパーク橋」(Wilton Park Bridge*)もそうだが、我が国の修学院離宮の「千歳橋」と呼ばれる「廊橋（ろうきょう）」と比較すると、その形態の類似が興味深い。

ちなみに、この館は初代サフォーク伯爵 T. ハワード(Thomas Howard)によって、修道院跡地に1605年～1614年に建てられた。その後、1762年にはJ.G. グリフィン卿(Sir John G. Griffin)が、造園家として名高いケイパビリティー・ブラウン(Capability Brown：1716 - 83)に依頼して、これまでの幾何学式庭園(formal garden*)から風景式庭園(landscape garden*)へ変えてしまって、今日に至る。

Wilton Park Bridge （ウィルトンパーク橋）

イングランド南部ウィルトシャー州(Wiltshire)の小さな町ウィルトンにあるウィルトン館(Wilton House)の庭園内を流れるナダー川(the Nadder)に架かる。「建築家伯爵」(the Architect Earl)として知られた九代目主人H. ハーバート(Henry Herbert)と彼の下で仕事に携わったR. モリス(Roger Morris)によって、1736年～1737年に建造された。パラディオ様式になるので、当館の'Palladian Bridge'といえばこれを指す。上述の「オードリーエンド館橋」(Audley End House Bridge*)と同様、我が国の修学院離宮の「千歳橋」と呼ばれる「廊橋（ろうきょう）」に形態が類似している。

チューダー様式であったこの館は、1647年、四代目主人P. ハーバート(Philip Herbert)の時にその大半が火事で消失した。翌年に高名な建築家イニゴ・ジョーンズ(Inigo Jones：1573 - 1652)が再建に取り掛かり、ジョーンズの死後はJ. ウェブ(John Webb)が引き継いで、1653年に完成させて今日に至る。火災に遭う前の館は、初代ペンブローク伯爵(the Earl of Pembroke)のW. ハーバート(William Herbert)が1551年に建てたものであった。当敷地は元を辿れば大修道院の所有であったが、ヘンリー8世(Henry Ⅷ：1491 - 1547)により没収され、彼に与えられたものである。

100. Wilton Park Bridge（ウィルトンパーク橋）

101. ウィルトンパーク橋。3角形の破風のペディメント（pediment）と渦巻装飾（volute）つきの柱頭を持つ柱に留意

102. ウィルトン館

103. ウィルトン館の庭園内を流れるナダー川（the Nadder）

9. Roofed[Covered] Bridge

　ちなみに、この館は二代目伯爵夫人のメアリー(Mary)の下で、シェイクスピア(Shakespeare)やフィリップ・シドニー卿(Sir Philip Sydney)など、いろいろな分野における当代切っての有能な人物たちが集ったことでも知られている。

　J. ロジャーズはエッセイ『イングランドの川』の第6章「南部沿岸の川」(Rivers of the South Coast)の中で、有名無名を問わずさまざまな河川について語っているが、ナダー川に触れながらこの橋にも言及している。

> One of its branches comes down from Fonthill.... Towards its end it borders the garden front of Wilton House.... Then it flows to meet Wylye under a perfect Palladian bridge amid the formality of an Italian garden, reflecting the great cedars in its stream.
> —— John Rodgers: *English Rivers*

（ナダー川の支流のひとつはフォントヒルから流れてきて(中略)、最後に近づくあたりでウィルトン館の庭先を縁取り(中略)、それから、幾何学的に整然と区画されたイタリア式庭園の中にある完璧なパラディオ様式の橋の下でワイリ川と合流し、水面にはスギの大木の影を宿しているのです。)

Bridge of Sighs, the　（嘆きの橋）

　オックスフォード(Oxford)、ケンブリッジ(Cambridge)両大学にある橋だが、その命名の元になったのはイタリアの同名の橋である。

　ヴェニス(Venice)にある総督宮(ドージェ宮：Doge's Palace)の法廷と、運河をはさんでその反対側にある牢獄(state prisons)とを結ぶ橋で、17世紀に架けられた。囚人が法廷からこの橋を渡って牢獄へ入る際に、橋の窓から、いわゆる「娑婆」の見納めをして「溜め息」(sigh)をついた、といわれるところに名前の由来がある。この橋に関する限り、上述のようなアーフタヌーン・ティーは愚か、屋根があるので雨が降っても濡れない、などと呑気なことをいっている場合ではないのであって、上下左右を完全に密閉されたこの空間を進みながら我が身の行く末を思いやれば、窓を通してからくも覗けるこの世の眺めには、嘆息のひとつももれようというものである。

104. Bridge of Sighs（嘆きの橋）。ヴェニス

105. ケンブリッジ大学の「嘆きの橋」

9. Roofed[Covered] Bridge

　ケンブリッジ大学の場合、バックス(the Backs)と呼ばれる裏手の緑地帯を流れるキャム川(the Cam)には、ほかにも幾つもの有名な橋(☞ college bridge)が架かるが、この橋は聖ヨハネ学寮(St. John's College)のもので、1831年に建造された。キャム川を挟んで学寮の新しい方庭(New Court)と古い建物とを連結するためのもの。正式名称は'the Gothic Revival New Bridge'、つまり、「ゴシック様式復興による新しい橋」という長々しいものであるが、ヴェニスの橋に形が似ているところから同じ名前を通称としている。しかし、厳密にいえば必ずしも外見がそっくりというわけではない。ただ単に、屋根つきで、アーチの数がひとつで、「窓割り」がなされている、つまり、橋の両側を覆っている面に窓がついているという理由からに過ぎない。設計者はT. リックマン(Thomas Rickman)とH. ハッチンスン(Henry Hutchinson)。ちなみに、窓の数は片側に5面ずつで、ガラスは入っていないが、横組みの鉄格子(iron bars)をはめてある。その理由は、夜間の閉門後に学生がここから出入りするのを防ぐ目的であるといわれる。

　オックスフォード大学の橋の場合も、ケンブリッジ大学のそれと同じように、

106. オックスフォード大学の「嘆きの橋」

ヴェニスの橋に形が似ているところから命名された。但し、こちらは今日では水上ではなく路上に架かって、ハーフォード学寮(Hertford College)と北側の方庭(quadrangle)を囲む建物とをつなぐ廊下(corridor)の役をしている。設計者はT.G. ジャクソン(T.G. Jackson)で、1913年の建造。

　T. フッドの詩に「嘆きの橋」というのがある。悲嘆の余り早春の川に身を投じた少女を悼んだものだが、このタイトルは上記の橋を指しているわけではない。

> One more Unfortunate,
> 　Weary of breath,
> Rashly importunate,
> 　Gone to her death!
>
> Take her up tenderly,
> 　Lift her with care;
> Fashion'd so slenderly,
> 　Young, and so fair!
>
> Look at her garments
> Clinging like cerements;
> Whilst the wave constantly
> 　Drips from her clothing;
> Take her up instantly,
> 　Loving, not loathing.
> 　　　—— Thomas Hood: 'The Bridge of Sighs' (1 – 14)

（またひとり不幸な少女が
　この世の生に疲れ果て
　性急に事を望んで
　死出の旅へと向かってしまった

　彼女を優しく抱き上げよ
　そして心して引き上げよ

9. Roofed[Covered] Bridge

　かくもすらりとした姿で
　かくも若くて美しい体を

　彼女の装いを見よ
　経帷子(きょうかたびら)のごとまといつき
　なお雫が滴り落つ
　すぐにも彼女を抱きとめよ
　いとしく思い厭わずに)

◆**Waterloo Bridge**（ウォータールー橋）：この橋は「屋根つき」ではないが、上述の「嘆きの橋」(The Bridge of Sighs*) というあだ名がつけられている。この橋からテムズ川へ投身自殺を計る者が多かったことによるものである。映画『哀愁』(*Waterloo Bridge*)でも、ヒロインがこの橋の上を通る車に身を投げるという結末になっている。

　北岸のヴィクトリア河岸通り(the Victoria Embankment)と南岸のウォータールー地区を結ぶ。旧ウォータールー橋(Old Waterloo Bridge)はテムズ川に渡された花崗岩(granite)の橋で、設計者はJ. レニー(John Rennie*：1761 − 1821)。当初に予定されていた名前は「ストランド橋」(the Strand Bridge)であったが、ワーテルローの戦い(the Battle of Waterloo：1815)の2周年記念式典が催された1817年6月18日に開通になったため、以後はこの名前に改められた。つまり、ベルギーの村名ワーテルローを英語読みにして橋

107. Old Waterloo Bridge(旧ウォータールー橋)

の名にしたわけである。式典には摂政の宮(the Prince Regent：George：在位1811－20)を初め、その戦いでナポレオン1世(Napoleon Ⅰ：1769－1821)のフランス軍を打ち破ったウェリントン公爵(the Duke of Wellington：1769－1852)も列席して行なわれた。テムズ川に架かった石造りの橋としてはリッチモンド橋(Richmond Bridge*：1777)に次いで5番目。

半楕円形のアーチ(semi-elliptical arch)の数は9で、ひとつのアーチの橋脚(pier*)と橋脚の間の距離(スパン：span*)は約37メートル、橋脚の厚さ約6メートル。また、橋脚にはそれぞれドリス式柱頭(Doric capital)を持つ付柱(pilaster)が2本ずつ取りつけられていた。当時のイタリアの有名な彫刻家A.カノーヴァ(Antonio Canova：1757－1822)をして、「世界で最も気品ある橋で、地の果てからでも見に訪れる値打ちがある」('the noblest bridge in the world, worth a visit from the remotest corners of the earth')といわしめたほどの壮麗なこしらえであった。もっとも、当初は民間会社の資金で架けられたため「有料橋」(toll bridge*)として出発したが、1877年にロンドン市に買い上げられて以後、通行料は無料(toll-free*)となった。

しかし、この名橋の誉れ高かった橋も、旧ロンドン橋(Old London Bridge*)を架け替えるために取り壊した際の水流の影響による基盤の沈下で架け直しを余儀なくされ、鉄筋コンクリート製(reinforced concrete*)の橋に架け替えられて今日に至る。着工は1937年、礎石(foundation stone)を据えたのは1939

108. 現在のウォータールー橋

9. Roofed[Covered] Bridge

年で、完成は1945年。但し、表面にはポートランド石(Portland stone*)を用いている。この石はイングランド西南部のドーセット州(Dorset)に属すポートランド島(the Isle of Portland)に産出する黄白色の石灰岩(limestone)である。設計者はG.G.スコット(Giles G. Scott*)。後述するカンティレヴァー橋(cantilever bridge*)のつくりで、アーチの数は5。ひとつの橋脚間の距離は約73メートル。全長約381メートル、幅約24メートル。ウェストミンスター寺院(Westminster Abbey)など周囲の建造物とも調和を保ち、現存するロンドンの橋の中で最も美しくかつ最長をも誇る。☞Blackfriars Bridge; the Embankment

H.V.モートンはエッセイ『魅惑するロンドン』の「我らが嘆きの橋」(Our Bridge of Sighs)の中で、この橋からの投身自殺とその対応に追われるテムズ川水上警察(the river police)の苦労について述べている。ただし、橋は旧橋の方である。

More poor, miserable souls have jumped to death from Waterloo Bridge than from any other bridge on the Thames. Nine out of ten jump on the down-stream side, probably with the vague idea in their tortured brains that their weary bodies stand a better chance of being carried out to sea.

How many Londoners know that day and night a police boat waits in the shadow of the bridge?

—— H.V. Morton: *The Spell of London*

(テムズ川に架かる橋の中では、ウォータールー橋から不幸を嘆いて身投げする人が一番多いのです。しかも10人に9人の割合で下流の側へ身を投ずるのですが、それは多分、苦しい胸のうちにもそうした方が疲れ果てた我が肉体の海まで運ばれて行く公算が大きいと、ぼんやりながら考えての上であろうと思われます。

この橋の下で水上警察のボートが昼夜を問わず待機しているということを、果たして何人のロンドン市民が知っているでしょうか。)

C. ディケンズの『ピクウィック・ペイパーズ』の第16章には、ピクウィック氏(Mr. Pickwick)がサム(Mr. Samuel Weller)からこれまでの彼の職業遍歴を聞かされている場面があるが、サムが放浪生活を送っていた時期に、この橋の下で野宿をしていたというのである。もちろん、橋は旧橋を指す。

'Service, sir,' exclaimed Sam. 'You may say that. Arter I run away from the carrier, and afore I took up with the vagginer, I had unfurnished lodgin' s for a fortnight.'
'Unfurnished lodgings?' said Mr. Pickwick.
'Yes — the dry arches of Waterloo Bridge. Fine sleeping-place — within ten minutes' walk of all the public offices.... '
—— Charles Dickens: *The Pickwick Papers*

(「役立ちましたとも、旦那様。」とサムは気持ちの高ぶりから大声を出した。「おっしゃる通りです。運送業者のところにおさらばしたあと、4輪の大型荷馬車の御者の手伝いを始めるまで、2週間というものは家具なしの宿屋にもぐりこんでいましたので。」
「家具なしの宿屋だって？」とピクウィック氏。
「そうなんです、ウォータールー橋のアーチの水のないところでして。ねぐらにはもってこいの場所でして、どの役所からも歩いて10分足らずのところでしたから。」

10. Suspension Bridge
ガリバーが綾取りすれば小人国の「吊橋」か？

　橋はその構造の面から3種類に分類することができる。つまり、「アーチ橋」(arched bridge*)、「桁橋」(beam bridge; girder bridge*)、それにこの「吊橋」になる。もっとも、カンティレヴァー橋(cantilever bridge*)を別に数えて4種類とすることもある。吊橋は、川をはさんで両側に建てた「支柱としての塔」(tower：橋塔)の間にケーブル(cable)を張り渡し、そのケーブルから別に出るハンガー(hanger：吊り材)で橋桁を吊り下げる仕組みになる。橋塔は、川岸の橋台(abutment*)の上のみならず、川の中に設けられた橋脚(pier*)の上に建てられる場合も少なくない。いずれの場合にせよ、橋塔と橋塔の間に張り渡されたケーブルの末端部は、川の両岸の定着部に固定させるのが通例(☞ cable-stayed bridge)である。その際にはケーブルを陸側で固定するために、ケーブルを埋め込んで引き抜けないようにした堅固なコンクリート製のブロック(アンカレッジ：anchorage)を用いて地面に定着させる方法が採られる。また、橋塔の高さによって、ケーブルが描く曲線模様、つまりは、橋全体の形状が決まることになる。

109. suspension bridge(吊橋)の橋床と欄干。
スコットランドのハイランド州の州都インヴァネス(Inverness)を流れるネス川(the Ness)

110. 吊橋のハンガーと欄干の格子組み。スコットランドのダムフリーズ＆ギャロウェイ州の州都ダムフリーズ（Dumfries）

　初期の吊橋は、歩いて渡る際に橋床に不安定な揺れが生じ、バランスを保つのが難しかった。そこで近代には、橋床に縦方向の桁を取りつけるようになった。つまり、従来はチェーン・ケーブル（chain cable*）といって、鉄製のリングあるいは鉄板を鎖（chain）状に連結したものを、橋塔間に張り渡していたが、19世紀初頭にアメリカのJ. フィンレイ（James Finley*：c.1762－1828：近代吊橋の父と呼ばれる）が、ワイヤ（wire）をより合わせて1本にしたワイヤ・ケーブル（wire cable）を張り渡し、それから出るハンガーで橋床[橋桁]を吊り下げ、トラス（truss*）でたわみにくくするという方法を考案して特許を取ってから、このタイプの橋は普及するようになったのである。ちなみに、今日では鋼鉄製（steel*）のワイヤをより合わせることなく平行にして束ねた平行線ケーブル（parallel wire cable）あるいは平行線ストランド（parallel wire strand）も用いられている。

　吊橋は、広い渓谷や距離の相当ある水路に、あるいは大型船を通すために高い位置にも架け渡すことができる。つまり、橋脚と橋脚の間の距離（スパン：span*）が長距離にわたっていて、橋床を橋脚に載せるだけでは支えるのが困難な場合に有効な方法といえる。しかし、このタイプの橋で起きる事故の大きな要

10. Suspension Bridge

因となるものは、「風」である。例えば、1940年のこと、アメリカのワシントン州ピュージェット湾(Puget Sound)に架かるタコマ・ナロウズ橋(Tacoma Narrows Bridge)は、全長1513メートル、中央スパン853メートルで当時世界第3位の長さを誇っていたが、秒速わずか19メートルの風のために、完成後4ケ月で落橋を余儀なくされた。そういう事情もあって、今日では風から受ける影響を最小限にとどめる工夫がいろいろとられている。

イギリスではウェールズの中部からイングランド西南部へ流れてブリストル海峡(the Bristol Channel)へ注ぐセヴァーン川(the Severn)に架かるセヴァーン橋(the Severn Bridge:中央スパン988メートル、全長1597メートルで、1966年に完成)や、イースト・ヨークシャー州(East Yorkshire)を流れるハンバー川(the Humber)に架かるハンバー橋(the Humber Bridge:中央スパン 1410メートル、全長約2220メートルで、1981年に完成)などが、特に長大な道路橋(road bridge*)としての吊橋で知られている。ちなみに、後者は1998年に明石海峡大橋(中央スパン1991メートル、全長3991メートル)ができるまでは吊橋としての世界最長を誇っていた。また、セヴァーン川には上記の吊橋のほかにも、別の道路橋としての斜張橋(cable-stayed bridge*)が1994年に架けられた。第2セヴァーン橋(the Second Severn Crossing:SSC)と呼ばれるが、両者とも有料橋(toll bridge*)で、イングランドからウェールズへ渡る際のみ通行料(bridge toll*)を要求され、その逆の場合は無料(toll-free*)となる。

こういった長大な近代の吊橋の出発点となったものは、関連項目として詳述したが、1826年に開通したメナイ橋(the Menai Bridge*)である。しかし、実はヨーロッパで最初の鉄製の吊橋はウィンチ橋(Winch Bridge)の方であるともいえる。イングランド東北部のダラム州(Durham)と旧州ヨークシャー(Yorkshire)に股がるハイ・フォース滝(the High Force)の近くを流れるティーズ川(the Tees)に架けられたもので、1741年～1802年まで利用されていた。長さ約21メートル、幅約61センチメートルで、チェインの上に直に橋床を載せ、両側に欄干を設けた上述のいわゆる'chain bridge'であった。もっとも、記録としてはそれ以前のものになるが、イングランド中部のレスターシャー州(Leicestershire)の町マーケット・ハーバラ(Market Harborough)を流れるウェランド川(the Welland)にも同様の構造のものが架かっていたとされる。

cable-stayed bridge （斜張橋(しゃちょうきょう)）

　上述の吊橋(suspension bridge*)の場合、橋塔(tower)と橋塔の間に張り渡されたケーブル(cable*)から「垂直に下がるハンガー(hanger*)」で橋桁を吊るのが一般的だが、それに対して、支柱の塔(pylon：塔柱)から「斜め方向に張られたケーブル」で、直に橋桁を吊り下げるタイプの橋をいう。但し、吊橋ではケーブルを陸側で固定するために、アンカレッジ(anchorage*)と呼ぶコンクリートのブロックにそのケーブルを埋め込まなければならないが、斜張橋は塔柱からケーブルを斜めに伸ばして橋桁の中間部を吊るので、アンカレッジは不要になる。従って、外見上は吊橋に似るが、構造上は桁橋(beam bridge; girder bridge*)の一種といえる。吊橋同様に長大橋を架ける場合に適するが、形状の美しさから、さまざまなサイズの橋に採用される。例えば、ロンドンのテムズ川に架かる「アルバート橋」(the Albert Bridge*)は、このタイプのはしりともいえる。

　ちなみに、今日ではプレストレスト・コンクリート(prestressed concrete*)を用いた斜張橋が相当数建造されるようになっている。☞ Second Severn Crossing

Clifton Suspension Bridge, the （クリフトン(吊)橋）

　単に'the Clifton Bridge'ともいう。イングランド西南部のエイヴォン州(Avon)の州都ブリストル(Bristol)にあり、エイヴォン川(the Avon)が流れるエイヴォン峡谷(the Avon Gorge)に架かる吊橋。フランス生まれの有名なエンジニアであるM. ブルーネル卿(Sir Mark Brunel)の息子I.K. ブルーネル(Isambard Kingdom Brunel：1806－59)の設計になるもので、1836年に工事が始まり1864年に開通。川面からの高さ約75メートル、橋脚(pier*)と橋脚の間の距離(スパン：span*)は約214メートル、幅約9.5メートル、総重量約1500トン。塔柱(pylon*)は岩山の上に古代エジプト神殿の門塔(pylon)の形に建てられ、その高さ約26メートル。

　最初は設計案のコンペが行なわれ、後述するコンウェイ橋(the Conway Bridge*)やメナイ橋(the Menai Bridge*)を設計したT. テルフォード(Thomas Telford*：1757－1834)が審査に当たった。彼はブルーネルの案も含め提出された全ての案を否定し、自分自身の案を推した。結局は再度の審査でブルーネ

10. Suspension Bridge

の案が採用されたが、彼の死後に生前の彼の案とはやや違う形で完成を見る結果になった。つまり、当初の案より高さも長さも勝るものになったのである。しかも、元々彼の設計したテムズ川(the Thames)のハンガーフォード吊橋(the Hungerford Suspension Bridge*)が鉄道橋(railway bridge*)へ架け替えられる時期でもあって、その元のチェーン・ケーブル(chain cable*)がこのクリフトン橋に再利用されたのである。

この橋は有料橋(toll bridge*)として出発したが、1991年以降は歩行者と自転車だけは無料(toll-free*)になった。ちなみに、この100年後に上述の吊橋セバーン橋(the Severn Bridge*)が建造されたのである。

111. Clifton Bridge(クリフトン橋)とエイヴォン川(the Avon)

112. クリフトン橋とその塔柱

Conway Suspension Footbridge, the (コンウェイ(吊)橋)

単に'the Conway Bridge'ともいう。ウェールズ西北部のグイネズ州(Gwynedd)を流れるコンウェイ川(the Conway)に架かる吊橋。州都カナーヴォン(Caernarfon; Caernarvon)にあるコンウェイ城(Conway Castle)とその城下町とを結ぶ。

後述するメナイ橋(the Menai Bridge*)の場合と同じT. テルフォード(Thomas Telford*：1757－1834)の設計になり1826年に完成。橋台(abutment*)と橋台との間の距離(スパン：span*)は約100メートル。低潮時の水面からの高さ約11メートル。橋塔(tower)は背後の城と調和するように、中世城廓の塔の形に模してある。錬鉄製(wrought iron*)のチェーン・ケーブル(chain cable*)に吊るされた橋は、レース編みを思わせる美しさを誇っている。但し、'Footbridge*'の名称通りで、本来は「歩いて渡るための橋」であるが、1904年には車も通れるように補強されている。

また、この橋のすぐ横には箱型の橋桁でできた錬鉄製の鉄道橋(railway bridge*)が架かっているが、それはブリタニア橋(the Britannia Bridge*)の項で詳述したR. スティーブンスン(Robert Stephenson*：1803－59)が1849年に建造したものである。今日では箱型の桁を持つ橋(tubular bridge*)で残存する唯一のものである。スパンはひとつのみで、長さ約126メートルのものが2本。高潮時の水面からの高さ約5.5メートル。

113. Conway Suspension Footbridge(コンウェイ吊橋)

10. Suspension Bridge

114. コンウェイ吊橋。コンウェイ城を背景に
　　　レース編みを思わせるつくり

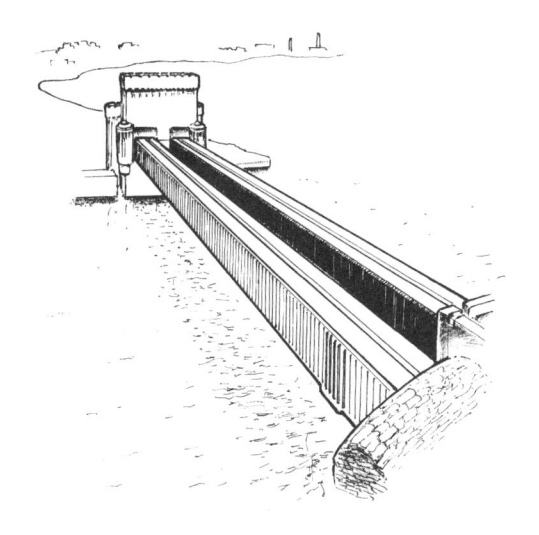

115. Conway Railway Bridge（コンウェイ鉄道橋）。
　　　橋桁が箱型のトンネルになる

116. アーチ型の road bridge(道路橋)とコンウェイ城

　さらに、吊橋をはさんで鉄道橋とは反対側にアーチ(arch*)がひとつの道路橋(road bridge*)も架かっている。
　ちなみに、コンウェイ城はウェールズの支配を強化する目的で築かれたもので、12世紀末葉から13世紀初頭にかけて出現したタイプの城廓である。つまり、従来の塔型のキープ(keep：天守閣)を持たず、幕壁[城壁]と幕壁塔とゲートハウス[門塔]から成るのが特徴。☞ Britannia Bridge

Forth Road Bridge, the (フォース道路橋) ☞ cantilever bridge

Menai Suspension Bridge, the (メナイ(吊)橋)

　単に'the Menai Bridge'ともいう。ウェールズ西北部グイネズ州(Gwynedd)の都市バンガー(Bangor)と同州にある島アングルスィー(Anglesey)との間のメナイ海峡(the Menai Straits)に架かる。構造は吊橋(suspension bridge*)で用途は道路橋(road bridge*)。アングルスィー島のホーリーヘッド(Holyhead)から船でアイルランドのダブリン(Dublin)へ渡るルートでは、この橋がなくてはならない存在である。上述のコンウェイ橋(the Conway Bridge*)の場合と同じT. テルフォード(Thomas Telford*：1757－1834)の設計になるもので、1819年に工事が始まり1826年1月30日に開通。上述したアメリカのJ. フィンレイ

10. Suspension Bridge

117. Menai Bridge(メナイ橋)とメナイ海峡(the Menai Straits)

(James Finley*：c.1762－1828)による近代吊橋の考え方を発展させて成功した代表的な例といえる。つまり、今日の長大な吊橋の記念碑的出発点となったのである。全長約458メートル、高潮時の海面からの高さ約31メートル。海峡の中に立つ2本の塔柱(pylon*)の高さ約47メートル。その塔柱間の距離[中央スパン(centre span*)]約177メートルで、当時は世界最長を誇った。塔柱と橋台(abutment*)の間の距離[側スパン(side span)]約85メートルで、塔柱の背後には橋脚(pier*)のアーチ(arch*)が連なる。当初のチェーン・ケーブル(chain cable*)は錬鉄(wrought iron*)製で、その数は全部で16本。1本の重量約25トン。

　約100年後(1938年～1941年)に補強改造工事がなされ鋼鉄製(steel*)に代えられた。デザインは変わらないが、全体の長さは元のものよりやや長くなっていて521メートル。当初は有料橋(toll bridge*)として出発したが、1941年から通行料金は無料(toll-free*)となった。もっとも、橋の両端にあった当時の通行料金徴収所(toll house*)のひとつは、本土側の橋詰に残存している。☞ Britannia Bridge

　L. キャロルの『鏡の国のアリス』の「それは拙者の発明じゃ」(It's My Own Inventions)に登場する白騎士(the White Knight)は、赤騎士(the Red Knight)との奇妙な闘いの末にアリスを救い出し森の外れまで見送ってきて、別れ際に歌

をうたうのだが、その歌の文句(57−64)にこの橋が入っている。橋を錆させない方法を白騎士が考案したというのである。この物語の初版が1871年だから、橋が開通してから45年後である。

> I heard him then, for I had just
> 　　Completed my design
> To keep the Menai bridge from rust
> 　　By boiling it in wine.
> I thanked him much for telling me
> 　　The way he got his wealth,
> But chiefly for his wish that he
> 　　Might drink my noble health.
> 　　　　　── Lewis Carroll: *Through the Looking Glass*

(聞いたぞ今度はそのはなし
　ちょうど拙者も策を得たので
鉄のメナイ橋を錆から守るにゃ
　橋をそっくりワインで煮るが一番
有難いのはご老体のはなし
　如何に暮らしを立てるかの講釈
いや、それよりも何よりも
　拙者の健康を祝しての乾杯。)

11. Bridge, Bridge, and Bridge
橋、橋、そして橋

橋はその構造形式、用途、架設場所などによって分類され、種類の名称が与えられているが、以下には既述の見出し語の中には含まれていないものを取り上げた。

canal aqueduct（高架式運河橋）

古代ローマの水道[水路]橋（aqueduct*）のような高架式で、水道水、灌漑用水、あるいは発電用水などを通すものは'aqueduct bridge'と呼ぶが、運河そのものをそのようにして通すものを敢えていう。当然ながら最大でも幅約2メートルほどの平底船（barge; narrow boat）が通過できるだけの規模になる。☞ canal bridge; river bridge; viaduct

118. Gard Aqueduct（ガール水道橋）。最高部49m。フランス南部ニーム（Nimes）近郊

T. テルフォード（Thomas Telford*：1757 – 1834）により建造された代表例を以下にふたつ示す。

◆**Chirk Aqueduct, the**（チャーク高架式運河橋）：ウェールズ北部のクルーイド州（Clwyd）を流れるカイリアグ川（the Ceiriog）に架かり、「シュロップシャー・ユニオン運河」（the Shropshire Union Canal）の支流である「エルズミア運河」（the Ellesmere Canal）を通すもの。設計者はT. テルフォード（Thomas Telford）とW. ジェソップ（William Jessop）。1796年の着工で1801年に完成。全長約217メートル、高さ約21メートル。アーチ（arch*）の数は10で、アーチひとつのスパン（span*：橋脚間の距離）は約12メートル。石造りだが橋床部分は鉄製。チャークはカイリアグ谷（the Vale of Ceiriog）の東端部にある村の名前。

　ちなみに、このすぐ隣を「チャーク鉄道高架橋」（the Chirk Railway Viaduct）が走っている。設計者はH. ロバートソン（Henry Robertson）で、1846年の着工で1848年に完成。高さ約31メートルの石造りで、アーチの数は10。

◆**Pont-Cysylltau Aqueduct, the**（ポントカサルテイ高架式運河橋）：ウェールズ北部のクルーイド州（Clwyd）のアクレヴァイア（Acrefair）にありディー川（the Dee）に架かる。同じく「シュロップシャー・ユニオン運河」（the Shropshire Union Canal）を通すためのもので、1795年の着工で1806年に完成。全長約307メートル、高さ約38メートル、アーチの数は19。

119. Pont-Cysylltau Aqueduct（ポントカサルテイ高架式運河橋）

11. Bridge, Bridge, and Bridge

　この名称はさらに上流に架かるアーチが3つの橋の名前にちなんだもので、「川を結ぶ橋」の意味である。

canal bridge（運河橋）

　運河の上に架け渡した橋。装飾のない素朴なこしらえで周囲の風景に調和し、地方色も見られる。橋全体の反り具合やアーチ（arch*）も緩やかで、今日では、用いられているレンガや石材が時代を経て古色蒼然としていて独特の魅力が感じられるものが多い。機能主義で簡素な造りだが決して行き過ぎてはいないところがむしろ美点とされる。☞ canal aqueduct; river bridge

　最初につくられた大きな運河としては、イングランド西北部のランカシャー州（Lancashire）南部にある「サンキー・ブルック運河」（the Sankey Brook Canal）が挙げられる。同州の石炭産業は近くに市場および航行可能な河川を欠いていたため、陸路で輸送しなければならず、コストが大変高くついた。そのためにこの水路が1757年に築かれたわけである。この運河の完成がその後のイギリスにお

120. canal bridge（運河橋）。
　　 ウェールズのポウイス州（Powys）

ける「大運河時代」(the Canal Era)の幕開けとなった。そして、1791年～1794年の「運河狂(canal mania)期」を経て、19世紀初頭に至るまでは盛んに築かれたことになる。

　運河のみならず河川を含め、船旅や輸送を目的とした可航水路(navigable waterway)は、1830年代に最も利用され、総延長はイギリス全土で6400キロメートル以上になっていた。従って、主要な工業都市の大部分に連絡できていたのである。しかし、やがて鉄道の出現で1840年以降は水路の利用は衰退して、現在では約5000キロメートルが航行可能な水路として残存し、その内、運河は約半分の2500キロメートルで、残りが河川である。しかも、そのほとんどは石炭の輸送というよりは遊覧船(narrow boat：平底船)などの巡行に利用されている。

　D.H. ローレンスの「切符を拝見します！」には、路面電車(tram-car)がこの橋を通過する様が滑稽に描写されている。

> To ride on these cars is always an adventure. Since we are in war-time, the drivers are men unfit for active service: cripples and hunchbacks....The ride becomes a steeple-chase. Hurray! we have leapt in a clear jump over the canal bridges....
>
> —— D.H. Lawrence: 'Tickets, Please'

(こういった電車に乗るのはいつも危険と隣り合わせであった。戦時中のこともあって、運転手は活動には不向きな男たち、つまり、足に障害を持つ人や背中の曲がった人たちであった(中略)。そこで、電車に乗るのは障害物競馬も同じであった。やったぞ！運河橋をひとっ飛びで越えたぞ、といった具合‥‥)

cantilever bridge （カンティレヴァー橋；片持梁橋）

　ドイツ人の創案者ハインリッヒ・ゲルバー(Heinrich Gerber：1832 - 1912)の名前にちなんで「ゲルバー橋」(Gerber bridge)ともいう。

　橋は構造上から分類すると、アーチ橋(arched bridge*)、桁橋(beam bridge;

— 148 —

11. Bridge, Bridge, and Bridge

girder bridge*)、吊橋(suspension bridge*)の3種類になるが、このカンティレヴァー橋を加えて4種類に分けることもできるし、これは桁橋の1種と見做すこともある。

「片持梁[桁]」(cantilever beam[girder])という橋桁を左右の橋台(abutment*)あるいは橋脚(pier*)から腕のように突出し、中央部を別の橋桁で連結したもの。この方法では、流れが非常に速い川、川底が大変に深い川、あるいは増水時に備えて橋脚を高くする必要のある川などの架橋に好都合とされ、また、橋脚間あるいは橋台間の距離(スパン：span*)の長い橋を築く時にも採用される。

ちなみに、日本古来の橋のひとつに「刎橋（はね）」、「刎木橋（はねき）」、あるいは「肱木橋（ひじき）」と呼ばれる種類がある。深い谷の場合、橋脚を設けることが難しいため、左右の橋台、例えば、谷の両岸からそれぞれ斜め上方へ木材(刎木；肱木)を張り出し(突桁（つき）)、それを繋（つな）ぐ形で中央にも木材の橋桁(吊桁)を渡したもので、構造原理はカンティレヴァー橋と同じである。刎木の一方の端は両岸壁にそれぞれ埋め込まれた形になるか、あるいは、巨石を載せて固定される。山梨県の「猿橋（えんきょう）」はこのタイプの橋として特に有名である。

◆**Forth Bridge, the** （フォース橋）：スコットランドの州都エディンバラ(Edinburgh)の西にあって、フォース湾(the Firth of Forth)に架かる鋼鉄製(steel*)の鉄道橋はこの構造になる橋で、正式名称は「フォース鉄道橋」(the Forth Rail Bridge)。

　設計者はJ. ファウラー(John Fowler*：1817－98)とB. ベイカー(Benjamin Baker：1840－1907)。橋脚(pier*)の数は3、そこに立つ鋼鉄製の塔(cantilever tower)から合計で6つのカンティレヴァーが左右に伸びる。橋の両端部、つまり、北側と南側にはそれぞれ石造りのアーチ型高架橋(viaduct*)が接続している。橋の主要部分の長さは合計約1630メートル、アプローチの部分も含めて全長約2530メートル。中央部のアーチの距離(スパン：span*)は521メートルで世界第2位の長さ。塔の高さ約100メートル。建設期間は1882年～1889年。1888年の後半には、この橋の仕事に携わった人員は約4600名に達したほどの大事業となった。使用した鋼鉄の重量は約58,000トンで、1879年のテイ橋の落橋事故(the Tay Bridge disaster*)の後の架橋だけに、

121. Forth Rail Bridge
　　（フォース鉄道橋）

122. Forth Road Bridge
　　（フォース道路橋）

必要以上に多くの建材が用いられたと考えられている。その結果、テイ橋が落橋した時の4倍を越える風力にも持ちこたえる設計になっている。1890年3月4日の開通式では、プリンス・オブ・ウェールズ(the Prince of Wales：後の Edward Ⅶ：在位 1901 － 10) によって、この橋に用いられたリベット (rivet：鋲) の総計約800万個の最後の1個が打ち込まれた。

　この橋にペンキを塗るのは長期間におよぶ難事業であるところから、「フォース橋にペンキを塗るに等しい」(like painting the Forth Bridge) といえば、「いつ終わるとも知れない際限のない仕事」を意味する。この橋はスコットランドのみならず、イギリス建築技術上の偉業として、同じ年に完成されたフランスのエッフェル塔(the Eiffel Tower)に比肩するものと考えられている。この

－ 150 －

11. Bridge, Bridge, and Bridge

ことからも、19世紀の後半からは鋼鉄製の橋の時代に入ったといってよい。

イギリス以外で同じ構造の橋として有名なものは、カナダのケベック(Quebec)のセント・ローレンス川(the St. Lawrence)に架けられた「ケベック鉄道橋」がある。1917年に完成。カンティレヴァー橋の中央スパンでは世界最長の549メートルを誇っている。大阪市南港の「港大橋」は1974年の完成で、中央スパンはフォース橋に次いで世界3位の510メートル。

また、フォース橋の約800メートル西隣りに同名の吊橋(suspension bridge*)が1964年に完成したが、鉄道橋ではなく道路橋であるため、正式名称は「フォース道路橋」(the Forth Road Bridge)で、中央スパン1006メートル。

H.V. モートンは『スコットランド探訪』と題した紀行文の中で、このフォース鉄道橋の魅力について語る時に、列車が通過する際の音にも言及することを忘れてはいない。

> It is the most familiar bridge in the world. It is seen on posters, framed in railway carriages and in all kinds of books. To see the Forth Bridge is rather like meeting a popular actress, but with this difference: it exceeds expectations.... The sound of trains crossing the Forth Bridge is a queer, fascinating and peculiar sound: something between a roar and a rumble, and with a hint of drums.
> —— H.V. Morton: *In Search of Scotland*

(フォース橋は世界で一番知られた橋で、ポスターになったり、列車の中にフレームつきで貼られたり、あるいはさまざまな書物に掲載されたりしています。従って、この橋を目の当たりにすれば、まるで人気女優を間近に見た時と同じような感じを受けますが、ひとつだけ違うのは、この橋は抱いていた期待を上回るすばらしさを持っているという点です。(中略)列車がこの橋を渡る時の音ときたら、何とも変わっていて、思わず引きつけられる特異なもので、ゴウゴウともガラガラとも轟いて、それに幾分ドンドンと太鼓のような響きも混じった音になるのです。)

ちなみに、映画『三十九夜』(*The 39 Steps*)にはこのフォース橋が2度映し出される。殺人犯と誤解された主人公が、刑事の追跡を逃れるため、列車からこの橋へと脱出を計る場面であるが、字幕の訳語は2度とも、「第四鉄橋」となっている。「4番目の」という意味の序数の'Fourth'と間違えたものと思われる。

college bridge（学寮橋）

オックスフォード大学(Oxford University)やケンブリッジ大学(Cambridge University)には、そのキャンパス内を通過する川がある。例えば、前者はチャーウェル川(the Cherwell)、後者はキャム川(the Cam)などで'punt'という平底舟をこぐ舟遊び(punting)も行なわれる。こういう川にはひとつならず橋が架かっているが、それらは大学を構成するそれぞれの学寮(college)に所属する橋なので、「学寮橋」と呼ばれる。以下にケンブリッジ大学の中でも特に有名な例を示す。

◆ **Bridge of Sighs, the**（嘆きの橋）☞ roofed [covered] bridge

◆ **Clare College Bridge**（クレア学寮橋）：単に'Clare Bridge'ともいう。1639 (1638?) 年～1640年の建造で、石工はT. グラムボウルド(Thomas Grumbold)だが、彼の設計かどうかは疑問視されている。

　全長約46メートル、幅約34メートル。3つの弓形[欠円]アーチ(segmental

123. Clare College Bridge（クレア学寮橋）

arch*)を持ち、スパン(span*)、つまり、橋脚間の距離を3つ合せると約24メートル。装飾的手摺子(baluster)から構成されている欄干(parapet*)は特に人目を引く。欄干には頂華(finial)としてバルーン(balloon)と呼ばれる石造りのボール状のものが載っている。但し、本来は14個揃っているはずだが、その内の1個だけは一部分が切り取られて欠けている。つまり、1個のボールから縦に1/4を切り取った状態になっているのである。それについては、上記の石工への支払いが十分でなかったので彼が意図的にそうしたというのが巷説。

　1642年～1649年にかけての清教徒革命(the Puritan Revolution)の際に、他の古い学寮橋が破壊されてしまったため、現在では大学内で最古のものとなっている。イギリスに現存する17世紀の橋の中でも、最も美しいとさえいわれているが、キャム川の舟遊びの背景としては、岸辺の柳ともどもまことに魅力的なたたずまいを見せている。

　ちなみに、舟遊びには、パント(punt)と呼ばれる舟が使われる。これは屋根がなく、底が平らで幅も広く、舳先と艫(船尾)のどちらも細く尖らずに、方形になる。漕ぎ手は長い竿(long pole)で川底を突くようにして操るのだが、オックスフォード大学では舳先に、ケンブリッジ大学では艫に立って竿をさすのが伝統でもある。

◆ **Mathematical Bridge**（数学橋）：クイーンズ学寮(Queens' College)とバックス(the Backs)と呼ばれる裏手の庭園とを結ぶ木造の歩み橋(footbridge*)で、キャム川に架かる。トラス(truss*)と呼ばれる三角形の骨組みは強度が大であるが、それを基本構造に用いている。力の掛かり具合を数学的に緻密に計算してあるため、ねじ釘やボルトの類を一切使用せずに建造されたところに名前の由来がある。

　J. エセックス(James Essex the Younger：1722－84)がW. エセリッジ(William Etheridge：1709?－76)の設計(1748)を元に建造したもので、1749年に着工し1750年に完成。エセリッジは大工の棟梁で、テムズ川(the Thames)に架かっていた3つのアーチ(arch*)を持つ木造の旧ウォルトン橋(Old Walton Bridge)の建造にも携わったことで知られる。数学橋はこの橋より規模も小さく、アーチもひとつだが、デザインは似ている。

124. Mathematical Bridge(数学橋)

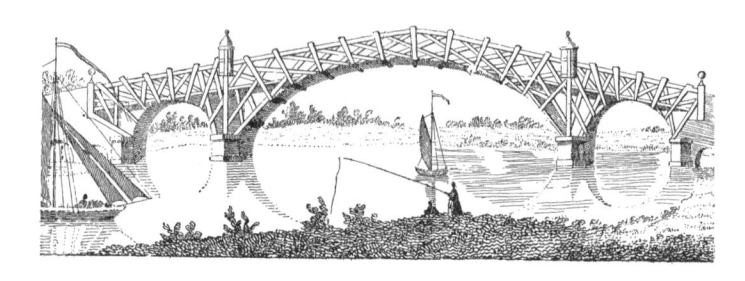

125. Old Walton Bridge(旧ウォルトン橋)

　その後、年代を経たため1866年に修復され、さらに1905年にはW. シンダル(William Sindall)の手で再構築された。その際にはオーク材(oak)に代わってチーク材(teak)が用いられ、なおかつ、ボルトなどで補強されてしまった。
　ちなみに、エセックスはこのほかにも幾つか「数学橋」と呼ばれる橋を造っている。☞ truss bridge

◆ **St. John's College Bridge** (聖ヨハネ学寮橋；セントジョン学寮橋)：単に 'St. John's Bridge' ともいう。聖ヨハネ学寮の所有で、1698年頃の建造になる。建築家として有名なC. レン(Christopher Wren：1632 − 1723)の設計になるともいわれるが、彼の助手のN. ホークスムア(Nicholas Hawksmoor)による公算が大きいとされる。上述のクレア学寮橋よりやや小さいが、同様に

11. Bridge, Bridge, and Bridge

126. St. John's College Bridge(聖ヨハネ学寮橋)

127. Darwin College Bridge (ダーウィン学寮橋)。トラス(truss)の応用になる

128. ダーウィン学寮橋

3つの弓形[欠円]アーチ(segmental arch*)を持つ。同じここの学寮橋のひとつに、'the Bridge of Sighs*'(嘆きの橋)と呼ばれる別のものもある。

　この他にも、「ダーウィン学寮橋」(Darwin College Bridge)や、1818年にW. ウィルキンスン(William Wilkinson)の設計になる「キング学寮橋」(King's College Bridge)、1766年に上記のJ. エセックス(James Essex)の設計になる「トリニティー学寮橋」(Trinity College Bridge)などがある。

　ちなみに、そのダーウィン学寮橋は2002年の洪水で被害を受けたため、2003年には新しい架け替え工事が行なわれた。

estate bridge（貴族屋敷の橋）; park bridge（猟園橋(りょうえん)）

　上述の学寮橋(college bridge*)のように大学のキャンパスに橋が架けられているのと同様、カントリー・ハウス(country house)と呼ばれる貴族館の広大な敷地内にも私設の橋が建造されていて、それを指す。

　カントリー・ハウスについての概略は以下の通り。バラ戦争(the Wars of the Roses：1455－1485)は、白バラ(a white rose)をシンボルとするヨーク家(the house of York)と赤バラ(a red rose)をシンボルとするランカスター家(the house of Lancaster)の二大貴族間で行なわれた国を二分しての王位継承争いだが、この戦いに勝利を収めたランカスター家のヘンリー7世(Henry Ⅶ：在位1485－1509)の下に、新たな権力者階級が出現した。つまり、それまでの王家の下での土地所有制は白紙撤回に付されたため、時の貴族や大地主たちは没落の

129. estate bridge
（貴族屋敷の橋）。
ウィルトン館
(Wilton House)

11. Bridge, Bridge, and Bridge

130. 貴族屋敷の橋。
オードリーエンド館
(Audley End House)

憂き目にあったわけだが、それに代わって、新国王から改めて土地を配分された新興階級が、自分の富と権力を誇示しようと、広大な領地に大邸宅を築き始めたのである。しかも、時代は15世紀の後半で、大砲が導入されたり軍隊の規模が大きくなったりしたことなどから、戦争の仕方にも変化が生じ、それまでの「攻城戦」から「野戦」の方へと比重が移っていった。その結果、同じ「城」と呼ばれるものでも、これまでのような堅固な「要塞」である必要はなくなり、例えば、窓の面積もはるかに大きくとられるようになって、居住者の私生活の面が重要視されるようになった。

　さらに時代が進んで、エリザベス朝(1558－1603)を経て18世紀になると、グランド・ツアー(the Grand Tour)といって、富者の子弟がイタリアやフランスなどヨーロッパ諸国へ遊学することが流行した。そうして、それから帰国した者たちが新知識を基に、壮大な新邸宅を建て始めた。敷地内の庭園も、これまでの「幾何学式庭園」(formal garden)とは趣の異なる「風景式庭園」(landscape garden)が既に前世紀に採り入れられ始めてはいたが、この頃には完成の域に達するようになったのである。つまり、これまでのイタリアやフランスやオランダに伝統的な庭園は、全体が直線と円形を用いて幾何学的図形を描くように整然と区画され、植木なども対称的な配列になるようにデザインされていた。それに対して、17世紀のフランスの画家G. プーサン(Gaspard Poussin [本名はDughet]：1615－75)やC. ロラン(Claude Lorrain：1600－82)などの風景画に登場するギリシャやローマの「神話の世界」を理想として、それをそのまま

－ 157 －

人工的に庭園として再現することが行なわれたのである。従って、こういう「イギリス式(風景)庭園」(English (landscape) garden)には、森林もあれば湖や川も存在し、神殿造りの建築物やこしらえもののその廃墟も備えられていた。そうして、その湖や川には橋が架けられていたというわけである。しかも、館の周囲には、シカ(deer)の類の飼育も行なえる広大な森林地から成る猟園があって、それを'park'とか'parkland'と呼んだところに'park bridge'の名称の由来があるが、こういう私設の橋は既述の「歩み橋」(footbridge*)のタイプになるのが通例である。以下に代表的な例を示す。

◆ **Audley End House Bridge** ☞ roofed [covered] bridge

◆ **Palladian Bridge at Stourhead, the**(ストーヘッドのパラディアン・ブリッジ):イングランド南部のウィルトシャー州(Wiltshire)のストーヘッド館(Stourhead House)は、ホーア家(the Hoare family)の館として、パラディオ様式(Palladian style*)で1722年に完成された。設計者はC. キャンベル(Colin Campbell)。この館の庭園(Stourhead Garden)は、18世紀の風景式庭園(landscape garden*)の傑作のひとつに数えられるが、H. ホーア(Henry Hoare: 1705 – 85)とその孫のR.C. ホーア(Richard Colt Hoare: 1758 – 1838)によって造られたもので、1735年の着工で1783年にはほぼ完成した。

この庭園の湖に架かる橋は「パラディアン・ブリッジ」(the Palladian

131. Palladian Bridge at Stourhead
(ストーヘッドのパラディアン・ブリッジ)

11. Bridge, Bridge, and Bridge

132. パラディアン・ブリッジの橋床。
ストーヘッド

133. landscape garden(風景式庭園)の一部。
ストーヘッド

134. 風景式庭園の一部。ストーヘッド

Bridge*)と呼ばれるもので、1762年の建造になる。5つのアーチを持ち、橋床(bridge floor)には土が敷かれ、芝草が植えてあって、あたかも「細い道」のような趣がある。

　ちなみに、日本古来の橋の種類に、「土橋(どばし；つちはし)」とか「柴橋」あるいは「草橋」といって、木造の橋の床に杉皮や粗朶(木の枝を切り取ったもの)を敷き、その上に砂利を混ぜた土を載せて固め、さらにそこに苔や芝を植えたものがあるが、このパラディアン・ブリッジもそのタイプである。

◆ **Wilton Park Bridge** ☞ roofed [covered] bridge

movable[moveable] bridge（可動橋；開橋）

　'moving bridge'ともいう。橋桁(beam; girder*)が橋台(abutment*)や橋脚(pier*)に固定され動かすことのできないタイプを「固定橋」(fixed bridge)と呼ぶが、それに対して、船の通行を行なわせるために動く仕掛けになるものをいう。橋桁の開閉の方法などによって以下のように分類される。

◆ **bascule bridge**（跳開橋）： 'lifting bridge'ともいう。'bascule'はシーソー(see-saw)の意味のフランス語に由来。橋桁が中央部から左右に2つに分かれて跳ね上がる「二葉跳開橋」(double-leaf bascule bridge)と、それがひとつだけの「一葉跳開橋」(single-leaf bascule bridge)とに分かれる。前者の代表がロンドンのテムズ川(the Thames)に架かる「タワー・ブリッジ」((the)Tower Bridge)で、ロンドン橋(London Bridge*)より下流にある唯一の橋。1886年～1894年にかけての建造。設計には建築家のH. ジョーンズ(Horace Jones)と技師のJ. ウルフバリー(John Wolfe-Barry*)が当たった。しかし、1887年にジョーンズが亡くなり、建造の責任はG.D. スティーヴンスン(George D. Stevenson)が負った。建造に携わった人員は延べ400人を越える。開通式はプリンス・オブ・ウェールズ(the Prince of Wales)の出席の下で大々的に催された。

　鋼鉄製(steel*)の橋だが、2基の塔の表面はコーンウォール花崗岩(Cornish granite)とポートランド石(Portland stone*)で覆われている。前者はイングランド西南部のコーンウォール州(Cornwall)産の石で、後者は同じく西南部

11. Bridge, Bridge, and Bridge

のドーセット州(Dorset)に属すポートランド島(the Isle of Portland)で産出する黄白色の石灰岩(limestone)である。

　全長約270メートルで、2基の塔の間に渡された中央部の跳開する橋桁の長さは約79メートル(航路幅は約61メートル)、塔から川岸へ渡されたふたつの吊橋(suspension bridge*)の長さはそれぞれ約82メートル。また、跳開する方の橋桁は最高水位線から約9メートルの高さにあり、その重量は片側で約1100トンもあるが、橋脚(pier*)に組み込まれた水圧装置で開閉する仕掛けになっている。その上に設けてある2本の鋼鉄製の歩廊(steel footway)は、約44メートルの高さで、塔の中のエレベーターや階段を利用して昇ることになる。年間800〜900回の跳開がある。

　塔の外観はすぐ近くにあるロンドン塔(the Tower of London)との調和を図って、ゴシック様式(Gothic style)になっている。

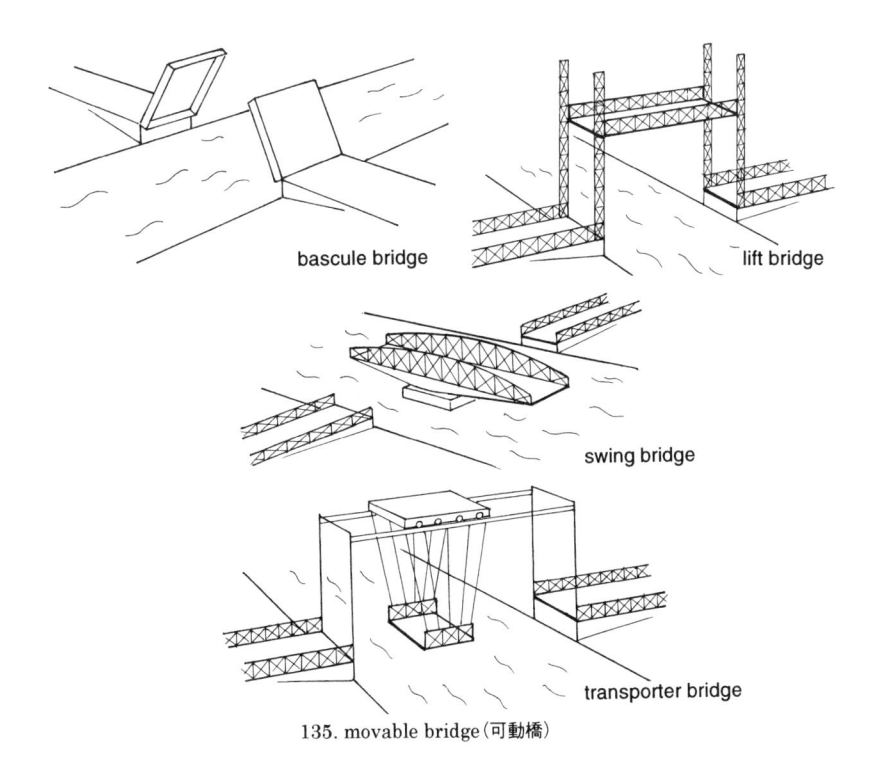

bascule bridge

lift bridge

swing bridge

transporter bridge

135. movable bridge(可動橋)

H. ケリーはエッセイ『ロンドン名所』の「船乗りはみな高級船員」(Officers All)の中で、テムズ川を往き来する小さな平底荷舟の舟乗りたちへ、次のように親愛の情を示し敬意を表しているが、この橋にも触れている。

If you had ever stood beneath the great mainsail of a sailing barge as the wind caught it, off the Nore... if you had looked up at the mast as the barge tilted to a swell... or if, as a great favour, you had been allowed to take the wheel while the barge, with a fair wind and tide, came sailing up to Tower Bridge, you would never think of the crew of two as anything but captain and mate.

　　　　　　　　　　　　―― Harold Kelly: *London Cameos*

（河口にあるノア砂州を離れ、風を受けて帆走する平底舟の大帆の下に立っ

136. Tower Bridge
　　（タワー・ブリッジ）

137. タワー・ブリッジの
　　吊橋

11. Bridge, Bridge, and Bridge

たことのある人ならば(中略)、波のうねりで上下に揺れる平底舟のマストを見上げたことのある人ならば(中略)、あるいは順調な風と潮の下にタワー・ブリッジへと近づいてきた平底舟の舵(かじ)をありがたくもとることを許されたことのある人ならば、たとえ2人ぽっちで操る小舟の舟乗りに出会っても、必ずや彼らのことを歴とした船長に航海士とみなしてくれるであろう。)

H.V. モートンはエッセイ『ロンドンの心』の「魚」(Fish)の中で、ロンドン北部の大きな魚市場で知られるビリングズゲイトを訪れた時に見たこの橋に言及している。

Then I walked out on Billingsgate Wharf and had a real thrill.... To the left I saw the bluish shadow of Tower Bridge. The brown Thames water licked the broad hull of a fish trawler. Crate after crate of herrings caught so far away in the North Sea were unloaded for London....

—— H.V. Morton: *The Heart of London*

(それから私はビリングズゲイト埠頭へ足を向けて、心のはずむ思いを味わいました。(中略)左手にはタワー・ブリッジが青みがかった姿でぼうっと見えていて、テムズ川の褐色の水はトロール船の幅広の船体を洗っていました。そうして、遠く北海で獲れたニシンを詰め込んだ箱が、ロンドン向けに次々と荷揚げされていたのです。)

◆**lift bridge**(昇開橋(しょうかいきょう)):橋桁(けた)(beam; girder)の両端に設けた支柱の塔に沿って、橋桁を水平に保ったまま上昇させて船を通し、その後でまた元の位置に下降させるという垂直移動によって開閉を行なう。 ☞ lifting bridge

◆**rolling bridge**(転開橋(てんかいきょう)):橋桁(けた)(beam; girder)に取りつけた車輪で、あるいはローラーを利用してその橋桁をいったん岸側へ引き込んでおいて船を通し、その後でまた元に戻すという水平移動によって開閉を行なう。

◆**swing bridge**(旋回(せんかい)[開]橋(きょう)):橋桁(けた)(beam; girder)を90度回転させることで道路との連結を断って船を通し、その後でまた元に戻して橋の機能を保つ。

138. Aber Swing Bridge（アバー旋回橋）。ケーブルで吊ってある部分が旋回する。ウェールズの都市カナーヴォン（Caernarfon）

　J.J. ヒッセイはエッセイ『イングランド十州紀行』の中で、セヴァーン川に架かるこの橋に言及している。

　Crossing the Severn on a swing bridge, so constructed as to allow masted ships to pass up to Worcester, we entered the ancient town....
　　　　　── James J. Hissey: *Through Ten English Counties*

（私たちは古き都ウスターへ入るのに、帆船が通過できるように建造された旋回橋を渡ってセヴァーン川を越えたのです。）

　H.V. モートンはエッセイ『スコットランド再訪』の第4章で、クリー川に設けられたこの橋との出会いを次のように描写している。

　The sun was setting and, through a thick screen of trees, I could see the Cree stained with the yellows of the sunset... and down a dark woody path to the left I came to a swing bridge over the river.
　　　　　── H.V. Morton: *In Scotland Again*

（日の沈み行く中に、葉の茂る木立を通して、黄色い夕日に染まったクリー川が見えました。(中略)そして、木々の陰に暗い細道を左へ進むとこの川に架かる旋回橋へ出たのです。）

11. Bridge, Bridge, and Bridge

◆**transporter bridge**（運搬橋^{うんぱんきょう}）：両岸に立てた塔と塔との間に桁^{けた}(beam; girder)やケーブル(cable*)を渡し、そこから吊り下げられた可動プラットフォーム、つまり、巨大な箱あるいは台状のものに自動車、自転車、人などを載せたまま水平に移動させる。例えてみれば、フェリーを空中に吊り下げて移動させるようなもの。

pontoon bridge（浮橋^{うきはし}；舟橋）

'floating bridge' ともいう。また、カナダでは 'bateau' と呼ぶ平底舟を利用するので 'bateau bridge' ともいう。

平底舟(pontoon)を横に連結して川に浮かべ、その上に板を渡したもの。舟が橋脚(pier*)の代わりで板が橋桁^{けた}(beam; girder*)になる。間に合せで一時的に設けた橋(temporary bridge)として利用することもできる。

歴史上では、紀元前480年に、ダリウス1世(Darius Ⅰ：558?－486 BC)の息子クセルクセス1世(Xerxes Ⅰ：519?－465 BC)のペルシャ軍がギリシャを攻めた時に、マルマラ海(the Sea of Marmara)とエーゲ海(the Aegean Sea)を結ぶダーダネルス［ヘレスポント］海峡(the Dardanelles：the Hellespont)に1.5キロメートル

139. pontoon bridge（浮橋）

以上にわたってこの橋を2列架けたとされる。それはギリシャの歴史家ヘロドトス (Herodotus: 484?–?425 BC) の記述によるものだが、各列が300艘以上の舟を長さ約2キロメートルにわたって並べ、200万の軍が渡りきるのに7日7晩かかったともいう。船首と船尾は錨（いかり）で固定され、水流を通すために舟と舟の間隔は約3メートル設け、互いにひもで繋がれた。その上に厚板を渡して連結し、さらにむしろを敷き、泥を載せたとされる。

W. スコットの小説『アイヴァンホー』には、攻城戦で堀 (moat) を渡るために、いかだ状のものを長く組んで浮かべる場面が描かれているが、'floating bridge' の語が用いられている。アイヴァンホーとロウィーナ姫 (the Lady Rowena) が囚われているトーキルストーン城 (Torquilstone Castle) を、黒装束の騎士に変装したリチャード王が指揮してこの浮橋を造らせたのである。

> The knight employed the interval in causing to be constructed a sort of floating bridge, or long raft, by means of which he hoped to cross the moat in despite of the resistance of the enemy.
> —— Walter Scott: *Ivanhoe*

（騎士はこの戦闘の合間を利用して浮橋ともいうべき長いいかだを組ませた。敵方の抵抗にもひるまず、それで堀を渡ろうと考えてのことだった。）

railway bridge（鉄道橋）

アメリカ英語では 'railroad bridge' という。橋をその用途によって分類した場合に、鉄道を通すためのものを指す。

世界初の公共鉄道 (public railway) として知られるのは、イングランド東北部のクリーヴランド州 (Cleveland) でティーズ川 (the Tees) 沿いの港市ストックトン・オン・ティーズ (Stockton-on-Tees) からイングランド北部のダラム州 (Durham) の都市ダーリントン (Darlington) までのそれとされるのが通例。特にダーリントンは「鉄道発祥の地」(the birthplace of railway) とされてもいる。開通は1825年。

しかし実際には、鉄道はさらに内陸のウィトン・パーク (Witton Park) 炭鉱

11. Bridge, Bridge, and Bridge

まで伸びていた。そこで採掘した石炭をストックトン・オン・ティーズまで運ぶのが目的であったからである。その中で鉄道橋はゴーンレス川(the Gaunless)を跨いでシルドン(Shildon)とウィトン・パーク炭鉱との間にあった。橋の設計者は蒸気機関車の完成で有名なG. スティーヴンスン(George Stephenson：1781 - 1848)で、鉄道を走った蒸気機関車も彼の製作したもので、名前は'*Locomotion No.1*' であった。☞ Britannia Bridge; Conway Bridge; Forth Bridge; road bridge; Tay Bridge; Vauxhall Bridge; viaduct

M. ラヴィンの短篇小説「遺言書」には、主人公のラリーが亡くなった母のためにミサを捧げてもらおうと修道院を目差し、からくも間に合って飛び乗った列車が鉄道橋の下を通過する場面がある。

> She put her head out of the carriage window as the train began to leave the platform and she called out to a porter who stood with a green flag in his hand.
> "What time does this train arrive in the city?" she asked, but the porter could not hear her. He put his hand to his ear but just then the train rushed into the darkness under the railway bridge. Lally let the window up and sat back in the seat.
> —— Mary Lavin: 'The Will'

(列車がプラットフォームから動き始めた時、ラリーは客車の窓から首を突き出して、緑の旗を手にして立っている赤帽へ向かって大声で叫んだ。
「この列車が町に着くのは何時？」と聞いたのだが、彼の耳には届かなかった。彼は耳に手を当てるまねをしたが、まさにその時には列車は鉄道橋の下の闇の中へ走り込んでしまった。彼女は窓を引き上げて閉めると座席に寄り掛かった。)

A. シリトーの短篇小説「放火魔」では、主人公が紙とマッチをポケットに入れて歩いて渡るのがこの鉄道橋である。

> Wind blew my hair about as I crossed the railway bridge by the station.

Trolley buses trundled both ways and mostly empty, though even if I'd had a penny I'd still have walked, for walking my legs off made me feel I was going somewhere, strolling along though not too slow....
　　　　　　　　　　　── Alan Sillitoe: 'The Firebug'

（駅のそばの鉄道橋を歩いて渡った時、私の髪の毛は風に吹かれてばらばらになった。トロリー・バスがもたつきながら往き交っていて、大抵は空だったが、その時バス代を持ち合わせていたとしても、私はやはり乗らずに歩いていたであろう。というのも、そんなにゆっくりではないにしても、ぶらぶらと足を使って進んだ方がどこかを目差しているという思いがするからだった‥‥）

　F. キングの短篇小説「捕虜収容所の行き帰り」では、主人公のクリスティーンがオックスフォードにある収容所のドイツ人捕虜トーマスと初めて会う場面にこの橋が描かれている。彼女はその青年をブレナム宮殿（Blenheim Palace）へ案内することになったのである。

　　Christine saw him, long before he saw her, in conversation with two other prisoners: they were all laughing as they passed under the railway bridge, and then one of his friends punched Thomas in the ribs in play.
　　　　　　　　　　　── Francis King: 'To the Camp and Back'

（トーマスの方でクリスティーンに気づくよりずっと前から、彼女は彼がほかのふたりの捕虜たちと語らっているのを見ていたのだった。捕虜たちは鉄道橋の下をくぐりながら互いに声をあげて笑い合っていて、その内のひとりがふざけて彼の脇腹にパンチをくれていた。）

river bridge （河川橋）
　湖沼や海峡、あるいは陸上に架けられるのではなく、あくまで河川の上に渡された橋をいう。　☞ canal bridge; viaduct

　P. ピアスの短編小説「影の鳥篭」では、ケヴィン（Kevin）少年が学友のリーサ

11. Bridge, Bridge, and Bridge

140. river bridge(河川橋)。湖水地方のウォスドルヘッド村(Wasdale Head Village)

(Lisa)から借りたひとつのビン(bottle)を校庭に置き忘れたことから物語が展開する。彼は深夜にそれを取りに戻るわけだが、校庭に映るジャングル・ジムの影が巨大な鳥篭のように迫り、彼はその中でうずくまってしまう。その時、河川橋の方角から口笛が聞こえてきたという設定である。

> The first whistle had come from right across the fields. Then there was a long pause. Then the sound was repeated, equally distantly, from the direction of the river bridges. Later still, another whistle from the direction of the railway line, or somewhere near it.
> —— Philippa Pearce: 'The Shadow-Cage'

(口笛の第一声はまさしく畑地の方から遠く聞こえた。そして長い間があって、それから再び川に架かっている遠くの橋の方角から鳴った。さらにその後でも、今度は鉄道線路の走っている辺りからまた聞こえた。)

T. ハーディーの小説『エセルバータのお手並み』の第11章には、クリストファーとフェイスの兄妹がふたり揃ってこの橋の上から遠くの風景を眺めている場面がある。兄は主人公のエセルバータから受け取った手紙で、恋情やら野心やらを胸に秘めて、妹と一緒にロンドンへ転居したのである。

> Christopher and Faith arrived in London on an afternoon at the end of winter, and beheld from one of the river bridges snow-white scrolls

of steam from the tall chimneys of Lambeth, rising against the livid sky behind, as if drawn in chalk on toned cardboard.

—— Thomas Hardy: *The Hand of Ethelberta*

(クリストファーとフェイスは冬の終わりのある日の午後ロンドンに着いた。そして河川橋のひとつに立って、ランベス地区の幾本もの高い煙突から雪のように白い蒸気が渦を巻いて昇るのを眺めていた。それは鉛色の空を背景にして、まるで青灰色のボール紙に白いチョークで描いたような具合であった。)

road bridge（道路橋）

鉄道を通すための橋を「鉄道橋」(railway bridge*)と呼ぶのに対して、こちらは道路と道路を連結するもので、人も歩けるが、特に車で渡ることのできる橋をいう。従って、'The bridge was built to carry the new road from Langholm to Lockerbie.'（その橋はランガムとロッカビー間の新たな道路を連結する目的

141. road bridge（道路橋）。コーンウォール州の町マラザイアン（Marazion）

142. 道路橋。Lion Bridge（ライオン橋）が名称。ノーサンバーランド州のアニック城（Alnwick Castle）の下を流れるアルン川（the Aln）に架かる

11. Bridge, Bridge, and Bridge

で架けられた)などというような表現がしばしば見受けられる。

H. リードはその自叙伝『無垢の目』の中の「牛の放牧場」(The Cow Pasture) で、この橋に言及している。

> The river itself ran between banks, for it was liable to flood over. Eastward it ran for about half a mile, till it disappeared under a bridge which carried the road....
> —— Herbert Read: *The Innocent Eye*

(川自体は両側の土手に挟まれて流れていたが、それは川が往々にして洪水を起こしたからである。川は東方へ半マイルほど流れて、ひとつの道路橋の下へ消えて行った‥‥)

L.P. ハートリーの短篇小説「毒壜(びん)」の中で、主人公が受け取った手紙の一節にもこの橋が登場している。

> I forget whether you have a car; but if you have, I strongly advise you to leave it at home. The road bridge across the estuary has been dicky for a long time. They may close it any day now, since it was felt to wobble the last time the Lord-Lieutenant crossed by it.
> —— Leslie P. Hartley: 'Killing Bottle'

(貴君が車を使っておられるかどうかは忘れましたが、使っておられるとしても、今回は車は是非ご自宅に置いてきて頂きたいのです。それというのも、河口に架かっている道路橋は長いこと危険なまま放置されてきて、この間も州統監が車で渡られた際にぐらぐらしたため、今にも通行止めになるやも知れませんので。)

ちなみに、一見すると小規模の道路橋にも見えるが、実は道路や鉄道や築堤や運河(canal*)の下を通す「排水渠(きょ)」「導水溝」で、'culvert' と呼ばれるものがある。通例は石やレンガの造りでアーチ型(arch*)になる。以下に示したように、文学作品にも度々描かれている。

143. culvert(カルヴァート)。ケンブリッジ(Cambridge)

144. 排水用の門形カルヴァート。ケンブリッジ

　K. グレイアムの『柳に吹く風』の第7章「明け方の笛吹き」(The Piper at the Gates of Dawn)では、モグラ(the Mole)とミズネズミ(the Water Rat)が協力して、行方不明になったカワウソ(Otter)の子供ポートリー(Portly)を探しに、夜のテムズ川にボートを漕いで行き、めぼしい箇所を調べる過程でこのカルヴァートの中をも覗いている。

> Fastening their boat to a willow, the friends landed in this silent, silver kingdom, and patiently explored the hedges, the hollow trees, the runnels and their little culverts, the ditches and dry water-ways.
> 　　　　── Kenneth Grahame: *The Wind in the Willows*

> (ふたりはボートを柳の木につなぐと、静まりかえって、月の光の下に銀色に輝いているこの王国へ上陸しました。そうして、生垣や木のうろ、ちょっとした水流やその導水溝の中、あるいは排水路や干上がった放水路をしんぼう強く探して回ったのでした。)

　J.R.R. トルキーンの『指輪物語』の「ふたつの塔」(The Two Towers)の第7章「ヘルム峡谷」(Helm's Deep)の中でも言及されている。ヘルム峡谷にある城塞での激戦の中で、敵のオークたちが忍び込んできたのがこのカルヴァートを通してである。

> Then a clamour arose in the Deep behind. Orcs had crept like rats through the culvert through which the stream flowed out. There they

11. Bridge, Bridge, and Bridge

had gathered in the shadow of the cliffs, until the assault above was hottest and nearly all the men of the defence had rushed to the wall's top. Then they sprang out.

—— J.R.R. Tolkien: *The Lord of the Rings*

(その時、背後の峡谷から騒々しい叫び声が起こった。オークたちが水流の流れ出ているカルヴァートの中をドブネズミのように這い進んできていたのであった。彼らは断崖の蔭に集結し、上での攻撃が激烈を極め、防御に当たる者たちのほぼ全員が城壁の頂へ馳せ参じるのを待っていたのであった。その時がきた今、彼らは一斉に飛び出してきたのだ。)

toll bridge（有料橋）

　イギリスも含め中世ヨーロッパの橋では通行料（bridge toll*）を徴収した場合が少なくなかった。それを橋の維持管理に当てたわけである。また、橋は投資の対象であり、営利事業とも考えられ、民間企業など出資者に大きな利益をもたらしていた。その橋を所有する町にとっては主要な財源になっていた例もあったほどである。橋の上を渡る時のみならず、橋の下を通過する船にも通行料を要求した場合があった。橋のたもとには‘toll house’と呼ばれる「通行料金徴収所」があって、橋の端部には橋の幅いっぱいに木戸式のゲートが設置されていて、通行の際にはそれを開閉したのである。

　料金は時代によって違いがあるが、例えば、歩行で渡るか、騎馬で通るか、（荷）馬車の通過になるかでも差があったし、同じ歩行者でも、平日の場合か日曜日かで異なる料金になり、同じ（荷）馬車でも、荷の重量や馬の数（6頭立てか4頭立てか、あるいは3頭立て以下かなど）、さらには、重量のみならず、その荷の内容、荷の品質、つまり、貴重品か日用品かなどによっても違いが出るように細分化されていた。家畜を市場へ追って行く際にも、それが羊か牛か豚か山羊かということでも差を設けていたほどである。ちなみに、‘toll-free bridge’といえば「通行料金無料の橋」の意味である。☞ chapel bridge; housed bridge

　1209年に石造りの橋として架け直された旧ロンドン橋（Old London Bridge*）を初め、18世紀および19世紀に入って開通した橋、例えば、旧ブラックフライ

145. old toll bridge(旧有料橋)。Devorgilla's Bridge(デヴォルギラ橋)。スコットランドの町ダムフリーズ(Dumfries)を流れるニス川(the Nith)に架かる

146. デヴォルギラ橋の Bridge House(元料金徴収所)

147. Old Hammersmith Bridge(旧ハマースミス橋)とそのゲートおよび両脇の toll house(料金徴収所)

11. Bridge, Bridge, and Bridge

アーズ橋(Old Blackfriars Bridge*：1769)、旧リッチモンド橋(Old Richmond Bridge*：1777)、旧ウォータールー橋(Old Waterloo Bridge*：1817)、旧サザック橋(Old Southwark Bridge*：1819)、旧ハマースミス橋(the Old Hammersmith Suspension Bridge：1827)、旧ヴォクソール橋(Old Vauxhall Bridge*：1816)など、テムズ川に架かる諸々の橋(☞ London's bridges over the Thames*)も当初は有料橋であったし、長大な吊橋(suspension bridge*)の記念碑とも目されるメナイ橋(the Menai Bridge*：1826)もそうであった。

また、イングランド西南部のグロスターシャー州(Gloucestershire)の町レッチレイド(Lechlade)にあったヘイペニー橋(Halfpenny Bridge)は歩行者ひとりにつき半ペニー(halfpenny)の通行料であったことに名前の由来がある。1792年に建造され、1839年まで有料であった。

今日のイギリスでは、私的な有料道路(private toll road)は別として、「道路」は一般に国の財政で賄われるので無料だが、長大橋や特別なトンネルだけは有料になるのが通例。但し、車の場合に限られるのが通例で、その料金(car toll)は、例えば、クリフトン吊橋(the Clifton Suspension Bridge*)は20ペンス、フォース道路橋(the Forth Road Bridge*)は80ペンス、ハンバー橋(the Humber Bridge*)は1ポンド90ペンス、テイ道路橋(the Tay Road Bridge*)は80ペンス、セヴァーン橋(the Severn Bridge*)は第2セヴァーン橋(the Second Severn Crossing*)共々4ポンド20ペンス。但し、これはイングランドからウェールズへ進む時のみ要求されるが、その逆では無料になる。スカイ島(the Isle of Skye)とスコットランド本土とを結ぶスカイ橋(the Skye Bridge)は、冬期は4ポンド70ペンス、夏期は5ポンド70ペンスである。

規模の小さな橋でも車での通行料を徴収している数少ない例としては、イングランド南部のバークシャー州(Berkshire)のウィットチャーチ橋(Whitchurch Bridge)と、同じく南部のオックスフォードシャー州(Oxfordshire)のスインフォード橋(Swinford Bridge)(エ(イ)ンシャム橋(Eynsham Bridge)ともいう)、およびウェールズ中部のポウイス州(Powys)のウィットニー・オン・ワイ橋(Whitney-on-Wye Bridge)などが挙げられる。この中で最初のふたつはいずれもテムズ川(the Thames)に架かる。1767年の建造になるスインフォード橋は5ペンスで、ウィットニー・オン・ワイ橋は50ペンス。ウィットチャーチ橋は以下に詳述する。

148. Whitchurch Bridge(ウィットチャーチ橋)の料金表示板

　パングボーン(Pangbourne)は『柳に吹く風』(The Wind in the Willows)の作者 K. グレイアム(Kenneth Grahame：1859 − 1932)と関係の深い町だが、こことウィットチャーチ・オン・テムズ(Whitchurch-on-Thames)とを繋ぐウイットチャーチ橋は、1792年に木造で架けられた。1852年頃に新たに架け替えられたが、さらに1902年に鋼鉄製(steel*)に生まれ変わって今日に至る。橋脚(pier*)の数は3、橋脚間の距離(スパン：span*)は約20.5メートル。

　この橋の1994年現在の掲示板に公示されている料金は以下の通りである。

「毎日午前7:30〜午後7:30の間(但し、5月から9月の間は午後9時まで)の通行に料金を課す」との前書きと「重量制限は10トンまで」という後書きつきで、次のような具体的な項目が2つ添えられている。

1. 「8人乗り以下(8人を含む)の乗用車」および「積み荷なしの重量で1.525トンを越えない運搬車」の場合は6ペンス。
2. 「9人乗り以上(9人を含む)の乗用車」および「積み荷なしの重量で1.525トンを越える運搬車」の場合は5ペンス。但し、積み荷なしの重量が1ト

11. Bridge, Bridge, and Bridge

ン超過するごとに5ペンス増し。

しかし、2004年現在ではその表示も変わり、概略すれば、重量制限も7.5トンまでとなり、乗用車は10ペンス、重量が2トン～3.5トンまでの運搬車は40ペンス、3.5トンを越えれば1ポンドである。

A. & C. ブラック社刊行(著者名無記)の『イングランドの風景』の中でもこういう橋が幾つか挙げられている。

> There is a toll-bridge at Cookham and another Culham; and a well-known toll-bridge is at Sandwich over the Stour owned by the corporation.
> —— A. & C. Black, LTD.: *The English Scene*

(有料橋はクッカムにひとつと、カラムにひとつある。また、よく知られた有料橋はサンドウィッチ市にあってストゥア川に架かっているが市自治体の所有になる。)

J. ロジャーズはエッセイ『イングランドの川』の中でいろいろな河川について語っているが、有名なワイ川を述べる10章(the Wye and the Usk)でこの種の橋にも触れている。この橋は「戦橋」(war bridge*)として知られる「マノウ橋」(Monnow Bridge*)のことであ。

> At Monmouth the Monnow, rushing down from the Black Mountains, flows to join the Wye under the mediaeval fortified toll-bridge, round which some of the most bloody clashes in the Border fighting had taken place.
> —— John Rodgers: *English Rivers*

(マノウ川はブラック山脈から勢いよく流れ下ってきてマンマスに至ると、防御の備えのある中世の有料橋の下でワイ川と合流しますが、この橋の周辺では、イングランドとウェールズの辺境での争いの中でも最も血なまぐさい戦闘が何度か行なわれたのです。)

truss bridge (トラス橋)

　三角形の骨組みは強度が大であるという原理に基づいて、三角形をいろいろに組合せた構造をトラスと呼び、それを橋に応用したものをいう。桁橋(beam bridge; girder bridge*)に比べ、橋自体の重量は軽くなるので、長い距離にも架け渡すことができる。

　基本的なトラスとしては、三角形を二等分する形で中央に垂直な部材(真束;キング・ポスト)の入った「キングポスト・トラス」(king-post truss)、全体が台形になるが、それを縦に三分割する形で2本の垂直な部材の入った「クイーンポスト・トラス」(queen-post truss)、菱形(rhombus)ができるように三角形を組合せた、「菱形トラス」(rhombic truss)などがある。

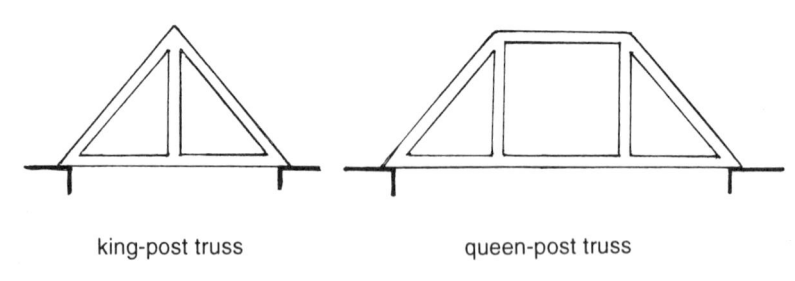

king-post truss　　　queen-post truss

149. truss(トラス)の基本構造

　ちなみに、18世紀末に独立したアメリカは木材が豊富であったことと、急速に開発を進める必要もあって、完成に時間を要する石造りの橋ではなく、木造のこのトラス橋を道路橋(road bridge*)や鉄道橋(railway bridge*)に利用したのである。トラスの設計で最初に特許を取ったのはI. タウン(Ithiel Town)で、1820年のことであったが、当時はトラスの理論は十分に理解されているとはいえなかった。1847年にS. ウィップル(Squire Whipple)の著書が出て、ようやくその原理が科学的に説明されたわけである。しかしその一方で、落橋事故が度重なるうちに、木と鉄とを組合せたトラス橋が採用されるようになり、19世紀のアメリカはその全盛時代であったが、次第に鉄橋(iron bridge*)へと移行して行った。

☞ Mathematical Bridge

11. Bridge, Bridge, and Bridge

150. truss bridge(トラス橋)。ケンブリッジ

151. トラス橋。アイルランドのリマリック州の州都リマリック(Limerick)

viaduct (高架橋)

主として鉄道(railway)を、あるいは道路(road)を通すために「谷」に架かる橋だが、市街地、沼沢地などを渡る場合も少なくない。橋脚(pier*)と橋脚の間はアーチ形(arch*)になるのが通例。特に鉄道を通すためのそれは敢えて 'railway viaduct' という。

河川などの水上ではなく陸上に架けられる場合は「陸橋」とすることもできる。

イギリスの例は以下の関連項目に示したが、ヨーロッパの高架橋にも長大なものが少なくない。1例を挙げれば、ドイツのゲルチ渓谷に架かるものは、全長約

152. ダラム州の州都ダラム（Durham）の市街地に架かる鉄道高架橋

574メートル、高さ約78メートルになり、アーチの列を3段に重ねたもので、ローマの水道橋（aqueduct bridge*）を思わせる造りである。☞ flyover; overbridge; railway bridge; road bridge

- ◆ **Chirk Viaduct, the**　☞ Chirk Aqueduct

- ◆ **Glenfinnan Viaduct, the**（グレンフィナン高架橋）：スコットランドの高地地方（the Highlands）にあって、イギリス最高峰のベン・ネヴィス（Ben Nevis）の麓の都市フォート・ウィリアム（Fort William）と港町マレイグ（Mallaig）を結んで走るウェスト・ハイランド鉄道（the West Highland Railway）を載せる。約201メートルにわたってカーヴしたコンクリート製で、アーチの数は21、高さは最高部で約30メートル。

153. Glenfinnan Viaduct（グレンフィナン高架橋）

11. Bridge, Bridge, and Bridge

　ちなみに、シール湖(Loch Shiel)の湖頭にあるグレンフィナン村には、キルト(kilt)姿のスコットランド高地人(Scottish Highlander)の彫像を戴いた塔が立っている。それは、ジェイムズ2世(James Ⅱ：在位 1437－60)の孫でスコットランド人から「素敵なチャーリー王子」(Bonnie Prince Charlie)の愛称で親しまれたチャールズ・E.スチュアート(Charles Edward Stuart：1720－88)が、1745年にスチュアート朝の復興を図って旗揚げしたことと、彼のために戦って死んでいった者たちを記念して建てたものである。

◆**Ouse Viaduct, the**（ウーズ高架橋）：イングランド南部のウェスト・サセックス州(West Sussex)のボルカム村(Balcombe Village)にあって、ウーズ川(the Ouse)に架かる鉄道用のもの(railway viaduct*)。全長約450メートル、レンガ造りのアーチ(arch*)の数37、その幅は約9メートル、その高さは最高部で約30メートル。1838年の着工で1841年に完成。

◆**Ribblehead Viaduct, the**（リブルヘッド高架橋）：イングランド東北部のノース・ヨークシャー・ムーア(North Yorkshire Moors)の中のブリー・ムーア(Blea Moor)にあって、リブル川(the Ribble)に面した町セツル(Settle)

154. Ribblehead Viaduct（リブルヘッド高架橋）

と、イングランド西北部のカンブリア州(Cumbria)の州都カーライル(Carlisle)とを鉄道で連結する。1876年に開通。アーチ(arch*)の数は24、高さは最高部で約50メートル。

◆ **Tweed Valley Viaduct, the** (トゥイード谷高架橋):イングランドとスコットランドとの境にあってトゥイード川(the Tweed)に架かる橋で'the Royal Border Bridge'を通称とする。辺境地方(the Borders)にあることと、ビクトリア女王(Queen Victoria:1819 − 1901)により開通されたということでその名前がついた。R. スティーヴンスン(Robert Stephenson*:1803 − 59)の設計で、1847年の着工で1850年に完成。建設作業に携わった者約2000名。これによってロンドンとエディンバラ間が鉄道で繋がれたことになり、その最後の連結部分ということで、橋のアーチには金文字で「連合の最終行為」(The last act of the Union)と刻まれている。アーチ(arch*)の数は28、橋脚間の距離(スパン:span*)は約19メートル、高さ約38メートル、全長約658メートル。

155. Tweed Valley Viaduct(トゥイード谷高架橋)

11. Bridge, Bridge, and Bridge

ちなみに、この橋のそばにはコンクリート製の道路橋(road bridge*)である'the Royal Tweed Bridge'が架かっている。アーチの数は4で、その中で最長のスパンは約110メートル。これはコンクリート製のスパンとしてはイギリスでも最長になる。

◆**Welwyn Viaduct, the** (ウェリン高架橋)：別名'the Digswell'ともいう。イングランド東南部のハーフォードシャー州(Hertfordshire)でミムラム川(the Mimram)の流れるミムラム谷(the Mimram Valley)に架かる。イングランド東部のケンブリッジシャー州(Cambridgeshire)の北部にある都市ピータバラ(Peterborough)とロンドンの主要鉄道駅キングズ・クロス(King's Cross)を連結するために1850年に架設された。アーチ(arch*)の数は40。

◆**Dean Bridge, the** (ディーン橋)：スコットランドの首都エディンバラ(Edinburgh)を流れるリース川(the Water of Leith)に架かる砂岩(sandstone)の高架橋。下流にはディーン村(Dean Village)がある。但し、これは鉄道橋(railway bridge*)ではなく道路橋(road bridge*)である。T. テルフォード(Thomas Telford*：1757－1834)の設計で、1832年に完成。アーチ(arch*)は4つ。橋脚(pier*)と橋脚の間の距離(スパン：span*)はそれぞれ約27メートル、高さ約32メートル、全長約136メートル。彼の架けた石造りの橋の中では代表的なもののひとつ。当初はしばしば投身自殺(☞ Waterloo Bridge; Westminster Bridge)の場所になったため、その後は欄干(parapet)が高くされた。

R.L. スティーヴンスンは、エッセイ『エディンバラ』の第6章「新市街」(The New Town)の中で、エディンバラ市内の新旧の市街地を比較しながら語っているが、そこの小村にあるこの高架橋に触れている。

> But at the Dean Bridge you may behold a spectacle of a more novel order. The river runs at the bottom of a deep valley.... And yet down below, you may still see, with its mills and foaming weir, the little rural village of Dean. Modern improvement has gone overhead on its high-level viaduct; and the extended city has cleanly overleapt, and left unaltered,

what was once the summer retreat of its comfortable citizens.

—— Robert L. Stevenson: *Edinburgh*

(しかしディーン橋に立つとさらに新奇な秩序から成る光景を目のあたりにすることができる。川は深い谷底を流れ(中略)、その下流には鄙びた小さなディーン村が、水車と水車用の泡立つダムを備えたまま、依然として存在しているのだ。時代の進歩発展の波も、そこにそびえ立つ高架橋を通ってこの村をそっくり飛び越えて行ったので、かつては裕福な市民の避暑地であったところは市の拡張にも巻き込まれず、今も何ら変わってはいないのだ。)

Supplement:補遺

Supplement — Causeway

Causeway; Causey
「橋」か「道」か、それとも「橋道(きょうどう)」？

　この用語が固有名詞に使われる時には、'causey'のスペルも使われる場合がある。その語源は「小石で舗装され盛り上げられた道」を意味するフランス語の'chausée'にあるとされる。

　泥炭(peat)の地層のある湿原(bog)や湿地帯(fen)、あるいは沼沢地(marsh)などでは年間を通じて排水が悪いものだが、特に雨の多い冬期には冠水してしまって、大小の水の溜り場があちらこちらに口を開けていることも珍しくない。しかし、そういうところでも歩けるようにするために、幾分か「高めに築いてある道」がある。それは石やレンガを用いたり、あるいは土を盛り上げたりしたこしらえになる。初期のものは石板(stone slab)やオーク(oak)の板材などが用いられていて、イングランド東部のケンブリッジシャー州(Cambridgeshire)のウィッケン村(Wicken Village)近辺には青銅器時代(the Bronze Age：2500 BC)に築かれたとされるものも発見されている。

156. boardwalk(板道)。ケンブリッジシャー州の沼沢地ウィッケン・フェン(Wicken Fen)

157. 板道。ノーフォーク州のティッチウェル沼沢地(Titchwell Marsh)

辞典類にあるこの語の定義に補足をした上で、言葉を用いて解説を試みるならば、以上のような説明にならざるを得ないが、実際問題としてはこれでは解決ができない場合が多い。例えば、一見したところでは、「道」というよりは、いわゆる「橋」の外観に似ている場合すら少なくない。それが木造のものになると、既述した「歩み橋」(footbridge*)の構造と全く同じといってよい場合もあって、ただそれの設置されているところが、「川」になるか「水はけの悪い地面」になるかの違いになるわけである。もっとも、同じ川でも川と呼ぶには余りにも底が浅く水量も少なく、かつ幅も狭い水流などでは、大袈裟な橋を築く代わりに、大きな石板状のものを低い位置に架け渡しただけというのも見られる。そうかと思うと、入江の中の小島に立つ城塞があって、その城と入江の岸とをつなぐために渡された石造りのものは、どう見ても「橋」のこしらえといってもよいほどのものになっているが、ガイドブックの説明では、いずれを参照しても、'causeway'を当てている。それどころか、通常の「橋」をも遥かにしのぐほどの巨大な規模になるものすらある。それは雨の多い冬の時節ともなると、近くを流れる川から出水するのが通例な土地の場合である。そのような水はミネラルに富んでいるため、川の周辺にある牧草地(meadow)の草の生育を促すという理由から、また同時に霜による害を防ぐ目的もあって、敢えて冠水状態のままにして置かれる。そこで、そういう低地を人間のみならず車も通行できるように便宜を図って、長さも幅も特大級のものが出現しているのである。また、細長い入江などをはさんで、対岸との行き来ができるように石造りの道が築かれていることがある。満潮時には遥々と遠回りをしなければならないが、引き潮では、距離も時間も節約になるわけである。このタイプのものはイングランドの西南部に多く見られ、その地方では、'foss'とも'voss'とも呼ばれている。

　あるいは、ヒース(heath; heather)が生い茂り排水の悪いムーア(moor; moorland)と呼ばれる原野では、荷馬(→ packhorse bridge)の列の通り道(packhorse track*)に板石(flag stone)を敷き並べて幾分高く築いた道が少なくなく、かなり長距離にわたってつづいているものだが、これも'causeway'で、イングランド東北部のヨークシャー州(Yorkshire)あたりでは'trod'ともいう。これは重い荷を積んだポニー種の馬(pony)がその脚を水につけたまま歩かずに済むようにしたもので、幅も馬が1頭ずつ通れるくらいしかない。

こういうふうに具体例をいくつか目のあたりにすると、その用途のみならず、外観においてさえ、「橋」と見るか「道」と取るか、一概に分別するのが難しいところから、敢えて「橋道」という言葉を当てはめてもいい場合があるようにも思われる。もっとも、そのような造語を使用してみたところで、実物のイメージを伴わなければ意味のないことではあるが、かといって、英和辞典類の訳語にあるような「土手道」や「あぜ道」だけで済まされる問題でもないのである。それほど、この言葉は文学作品にも頻繁に登場しているのだが、その様態の説明でもない限り、簡単には翻訳しかねる用語といえる。日本語としてはむしろ「橋」と訳出した方が、かえって誤解を招かずに済むように思える場合すらあるのが実情なのである。あるいは、上述のように土や石の類を積んで周囲より一段高くしたこしらえなどは「盛り道」ともいえそうであるし、干潮時にのみ海面から姿を現わすものなどは「渡り道」としても差し支えないかも知れない。ただし、本事典の引用文の訳語には、敢えて「コーズウェイ」を当ててある。

既述した 'clapper bridge*' の関連項目として示した 'stepping stones*' や 'Tarr Steps*' もこの部類に入れることができる。

また、中世では攻城に際して、城の周囲に巡らされた堀の一部を、土や粗朶(そだ)などで埋め立てて臨時の道のようなものを築くが、それを指す言葉としても使われる。ちなみに、海岸沿いの砂浜に、あるいは湿地帯や沼沢地に板を敷き詰めて歩行者専用の道(footpath*)としたものは 'boardwalk' (板道;板敷き道)と呼ばれるが、用途はコーズウェイに同然である。

E. ギャスケルの小説『クランフォード』の第10章「恐怖」(The Panic) では、強盗事件のうわさが町中に広まっているさなか、主人公の私とミス・ポール(Miss Pole)とミス・マティー(Miss Matty)の3人が、フォレスター夫人(Mrs Forrester)からお茶の招待を受けて出かける場面がある。ミス・マティーの乗った駕篭(かご)(sedan-chair)にあとのふたりが付き添って歩いてゆく。しかし、夫人の家で聞かされた怪談の恐怖に動揺し、帰り道は来た時とは別の道に変更して、コーズウェイの方を通るように駕篭屋に頼むのである。

What a relief it was when the men, weary of their burden and their quick trot, stopped just where Headingley Causeway branches off from

Darkness Lane! Miss Pole unloosed me and caught at one of the men ──

"Could not you ─ could not you take Miss Matty round by Headingley Causeway? ─ the pavement in Darkness Lane jolts so, and she is not very strong."

── Elizabeth Gaskell: Cranford

(重い荷を早足で担ぐのに疲れた駕籠屋たちが、「闇の小道」から分かれてちょうどヘディングリー・コーズウェイへ入るところで立ち止まったので、私たちも一息つけたのです。ミス・ポールはすがりついていた私の腕を放すと、駕籠屋のひとりをつかまえて、

「お願いよ、ミス・マティーをヘディングリー・コーズウェイの方を通って運んでくれません？「闇の小道」の敷石はとてもでこぼこしていて、それに彼女はそんなにご丈夫なほうじゃないから。」)

　R.D. ブラックモアの小説『ローナ・ドーン』の第68章の中に、主人公のジョン・リッド(John Ridd)が仲間を率いてドーン一族(the Doones)に夜討ちを仕掛ける場面があるが、そこにこのコーズウェイが描かれている。

But the finest sight of all was to see those haughty men striding down the causeway darkly, reckless of their end.... A finer dozen of young men could not have been found in the world perhaps, nor a braver, nor a viler one.

── R.D. Blackmore: Lorna Doone

(しかし、中でも一番美しい光景は、肩をいからせた十数名の若い戦士たちが黒いかたまりとなって、生命を失うことも顧みずにコーズウェイを大股で渡って来る時のそれであった。美しさの点でこれに勝る戦士の団体は先ずどこにもいなかったであろうし、また勇猛さの点でも、なおまた下劣さの点においてもである。)

　D.H. ローレンスの「馬喰の娘」には、主人公のメイブル(Mabel)が教会墓地

へ彼女の母親の墓参に出かける際に、コーズウェイを伝って行く様子が描かれている。

> In the afternoon she took a little bag, with shears and sponge and a small scrubbing brush, and went out. It was a grey, wintry day, with saddened, dark-green fields and an atmosphere blackened by the smoke of foundries not far off. She went quickly, darkly along the causeway, heeding nobody, through the town to the churchyard.
> —— D.H. Lawrence: 'The Horse Dealer's Daughter'

(午後になると彼女は小さなバッグに、大ばさみとスポンジと小さな洗いブラシを携えて外出した。その日は冬で薄暗く、放牧場は暗緑色にくすんで見え、近くの鋳物工場から出る煙で空気も黒ずんでいた。彼女は早足ながら暗い様子でコーズウェイを進むと、人目を気にするふうもなく町中を通って教会墓地へ向かった。)

St. Ives Causeway (セントアイヴズ・コーズウェイ)

イングランド東部のケンブリッジシャー州(Cambridgeshire)の町セント・アイヴズにある石造りのもので、外見上は一般の「橋」と区別するのが容易ではない。両側には欄干(parapet)もあり、中央の幅の広い部分が車道で、その左右に設けられた幅の狭い高いこしらえが歩道に当てられている。アーチの数は32。

1822年に時の荘園領主(manorial lord)によって、町を流れるグレート・ウーズ川(the Great Ouse)に沿った平地に築かれた。特に雨の多い冬の時節などにその川が洪水した場合でも、これがあるために人も車も通行に支障をきたさずに済むわけである。上述したように、この川の周辺には牧草地(meadow)が広がっていて、出水しても冠水状態のままに放置されるため、通行の便宜を図ったのである。

ちなみに、このすぐ近くにはグレート・ウーズ川に架かる礼拝堂橋(chapel bridge*)として有名なセント・アイヴズ橋(St. Ives Bridge*)があるので、地元の人たちはコーズウェイか橋か両者を明確に区別して呼んでいる。

158. St. Ives Causeway（セントアイヴズ・コーズウェイ）。外観は橋そのもの。平生は水流がないので、下は駐車場に利用

159. セントアイヴズ・コーズウェイ。中央が車道、両側が歩道

St. Michael's Mount Causeway（セントマイケルズマウント・コーズウェイ）

　イングランド西南部のコーンウォール州（Cornwall）のマウント湾（Mount's Bay）にある小島セント・マイケルズ・マウントへは、花崗岩（granite）で舗装された道が通じている。海の潮が引いた時を見計らって、マラザイアン（Marazion）の町からその道を伝って島へ渡ることができる。次に潮が満ちるまでの間は3～4時間。島はマラザイアンから約457メートル沖合いにある。島の頂部に立つ同名の城は19世紀のつくりだが、一部は12世紀の修道院の建物から成る。

　これによく似たタイプのコーズウェイが、アガサ・クリスティーの小説『日の下の悪事』に登場する。アーサー・アンメリング（Arthur Angmering）はレザークーム湾（Leathercombe Bay）の島に建てられた屋敷を先祖の遺産として受け継ぎ、それをホテルとして増改築する際に、付属の設備もいろいろ工夫して施し

Supplement — Causeway

た。そのひとつが本土と島との間に設けたコンクリート製のコーズウェイである。やがて殺人事件が起こって、ウェストン警視正（Colonel Weston）がコルゲイト警部（Inspector Colgate）に、潮が引いてそれが海面から出る時間を問うている場面である。それぞれ第1章と第9章からの引用になる。

The sturdy house was added to and embellished. A concrete causeway was laid down from the mainland to the island.
—— Agatha Christie: *Evil Under the Sun*

（がっしりした造りのその住まいは増築もされ装飾も施された。また、その島と本土とをつなぐためのコンクリート製のコーズウェイも敷設された。）

160. St. Michael's Mount Causeway （セントマイケルズマウント・コーズウェイ）

161. セントマイケルズマウント・コーズウェイ。海をはさんで手前がマラザイアン側

"I've checked up on the staff.... Neither of them would have seen any one who came across the causeway to the island."

"When was the causeway uncovered?"

"Round about 9.30, sir."

—— Agatha Christie: *Evil Under the Sun*

(「従業員の調べも済ませました。(中略)ふたりともコーズウェイを渡って島へ来る者を見てはいなかったと思われます。」

「コーズウェイが海面に出たのはいつだ？」

「9時30分頃と思います。」)

Eilean Donan [Donnan] Castle Causeway (エランドナン城コーズウェイ)

　この城はスコットランドのハイランド州(Highland)で、3つの入江(Lochs Alsh, Duich and Long)の合流点にある小島に立つ。入江をはさんで岸からこの城までは、石造りのコーズウェイを歩いて渡る。外見は反り具合の緩やかな橋のこしらえで、欄干(parapet)を備え、アーチ(arch*)の数は3。

　ちなみに、城は1260年にスコットランドのアレキサンダー2世(Alexander Ⅱ)によって築かれたもの。その後スチュアート(Stuart)王家支持者(Jacobite*)の要塞(stronghold)になっていたが、1719年にイングランド軍に破壊され、1912年～1932年に再建されて今日に至る。

　C. ガスコインの『イギリスの城』は、主要なイギリスの城にまつわる歴史や風土、あるいは建築上の特色などを詳説したものだが、この城を解説する下りで、外観からはどう見ても橋としか思えないものに、「橋」の語ではなく「コーズウェイ」を用いている。

　　The modern castle is approached from the lochside across a stone-arched causeway.

—— Christina Gascoign: *Castles of Britain*

Supplement — Causeway

(再建された現代の城へは、入江の岸辺からアーチのある石造りのコーズウェイを渡って行くことになる。)

162. Eilean Donan Castle Causeway (エラン・ドナン城コーズウェイ)

163. エラン・ドナン城コーズウェイのゲート

Causeway at Skipton (スキプトンのコーズウェイ)

　これはイングランド東北部のノース・ヨークシャー州 (North Yorkshire) の町スキプトンにある同名の城 (Skipton Castle) の背後を流れるスプリングズ運河 (the Springs Canal) の上に築かれているが、通常の橋のように水上を横切るのではなく、水流に沿って縦方向に長々と伸びるこしらえになっている。ここを歩きながら城の背後も見て回ることができる。
　ちなみに、運河は城の裏手の採石場から採れる石灰岩 (limestone) を運搬する

164. Causeway at Skipton(スキプトンのコーズウェイ)。水流を横切っていない点に留意

のに、リーズ・リバプール運河(the Leeds-Liverpool Canal)まで連絡する目的で1773年に築かれた。また、城の大部分は14世紀〜17世紀の建造になるが、クリフォード家(the Cliffords)のものであった。

Wade's Causeway (ウェイドのコーズウェイ；ウェイズ・コーズウェイ)

　イングランド東北部のノース・ヨークシャー州(North Yorkshire)にあるウィールデイル・ムーア(Wheeldale Moor)の中をおよそ2キロメートルにわたって走っている「ローマ街道」(Roman road)である。ローマ街道は、紀元1世紀〜4世紀にかけて古代ローマ人がイギリスを支配した間に、イングランドのみならずスコットランドやウェールズにまで通した数多くの道路のことである。しかも、軍隊の迅速な移動を目的とした軍用道路が主なもので、粗石や砂利を敷き詰め、直線を成して延々とつづくのが特色である。これは紀元80年頃のものとされるが、名称は土地の人たちの間での通称である。伝説によれば、この土地に棲む巨人のウェイドが、市場へ牛を連れて行く自分の妻のために、ヒース(heath; heather)が生い茂り排水の悪い「ムーア」とよばれる原野を歩きやすいようにと、築いてやったものだということである。

Supplement — Causeway

165. ヒースの荒野の Wade's Causeway（ウェイズ・コーズウェイ）

Maud Heath's Causeway（モードヒースのコーズウェイ）

　イングランド南部のウィルトシャー州（Wiltshire）で、ウィック・ヒル（Wick Hill）の頂上から、イースト・ティザートン（East Tytherton）、ケラウェイズ（Kellaways）およびラングリー・バレル（Langley Burrell）経由で、チッペナム・クリフト（Chippenham Clift）まで通っている。全長約7キロメートル。

　チッペナムは数世紀にわたる市場町（market town）であるが、エイヴォン川（the Avon）の洪水や冬期の降雨などで一帯が冠水しても、人々が足を濡らさずに市場へ歩いて行けるよう便宜を計って、15世紀に築かれた。当初は丸石などで舗装されていたが、今日では砂利、コンクリート、コールタールなども用いて、新たに舗装し直されている。途中のケラウェイズでは、水を通すためにレンガ造りのアーチを60も備えて、高さも約1.8メートルになるこしらえである。

　モード・ヒースというのは、イースト・ティザートンに住み、上記の市場まで商売に通っていた女性の名前で、彼女がコーズウェイ建造のために1474年に寄付金を提供したのがそもそもである。ウィック・ヒルには彼女の記念碑が建てられている。

London's Bridges over the Thames
テムズ川に架かる橋の数々

テムズ川に架かる橋でロンドン市内にあるものを、建造年の順序に列記して、さらにその中で特に知られているものを以下に詳説した。数字はその西暦年、( )内の数字は架け替えられた年を示す。鉄道橋(railway bridge*)は別に列挙した。

ロンドン橋(London Bridge*)：1209 (1831) (1973) ☞ housed bridgeの Old London Bridge; chapel bridge の Old London Bridge
パトニー橋(Putney Bridge)：1729 (1886)
ウェストミンスター橋(Westminster Bridge)：1750 (1862)
キュー橋(Kew Bridge)：1759 (1789) (1903)
ブラックフライアーズ橋(Blackfriars Bridge)：1769 (1869)
バタスィー橋(the Battersea Bridge)：1772 (1890)
リッチモンド橋(Richmond Bridge)：1777 (1939)
ヴォクソール橋(Vauxhall Bridge)：1816 (1906)
ウォータールー橋(Waterloo Bridge)：1817 (1937 (39) − 45) ☞ Bridge of Sighs
サザック橋(Southwark Bridge)：1819 (1921)
ハマースミス(吊)橋(Hammersmith (Suspension) Bridge)：1827 (1887)
ハンガーフォード(吊)橋(Hungerford (Suspension) Bridge)：1845 (1864)
チェルスィー(吊)橋(Chelsea (Suspencion) Bridge)：1858 (1937)
ランベス橋(Lambeth Bridge)：1862 (1932)
アルバート橋(the Albert Bridge)：1873
ウォンズワース橋(Wandsworth Bridge)：1873 (1940)
テディントン水門橋(Teddington Lock Bridge)：1889
タワー・ブリッジ((the) Tower Bridge)：1894 ☞ bascule bridge

Supplement — London's Bridges over the Thames

① Tower Bridge
② London Bridge
③ Alexandra Railway Bridge
④ Southwark Bridge
⑤ Millennium Bridge
⑥ Blackfriars Bridge
⑦ Waterloo Bridge
⑧ Hungerford (Railway) Bridge
⑨ Westminster Bridge
⑩ Lambeth Bridge
⑪ Vauxhall Bridge
⑫ Grosvenor Railway Bridge
⑬ Chelsea Bridge
⑭ Albert Bridge
⑮ Battersea Bridge
⑯ Battersea Railway Bridge
⑰ Wandsworth Bridge
⑱ Putney Railway Bridge
⑲ Putney Bridge
⑳ Hammersmith Bridge
㉑ Barnes Railway Bridge
㉒ Chiswick Bridge
㉓ Kew Railway Bridge
㉔ Kew Bridge
㉕ Richmond Lock Bridge
㉖ Twickenham Bridge
㉗ Richmond Railway Bridge
㉘ Richmond Bridge
㉙ Teddington Lock Bridge

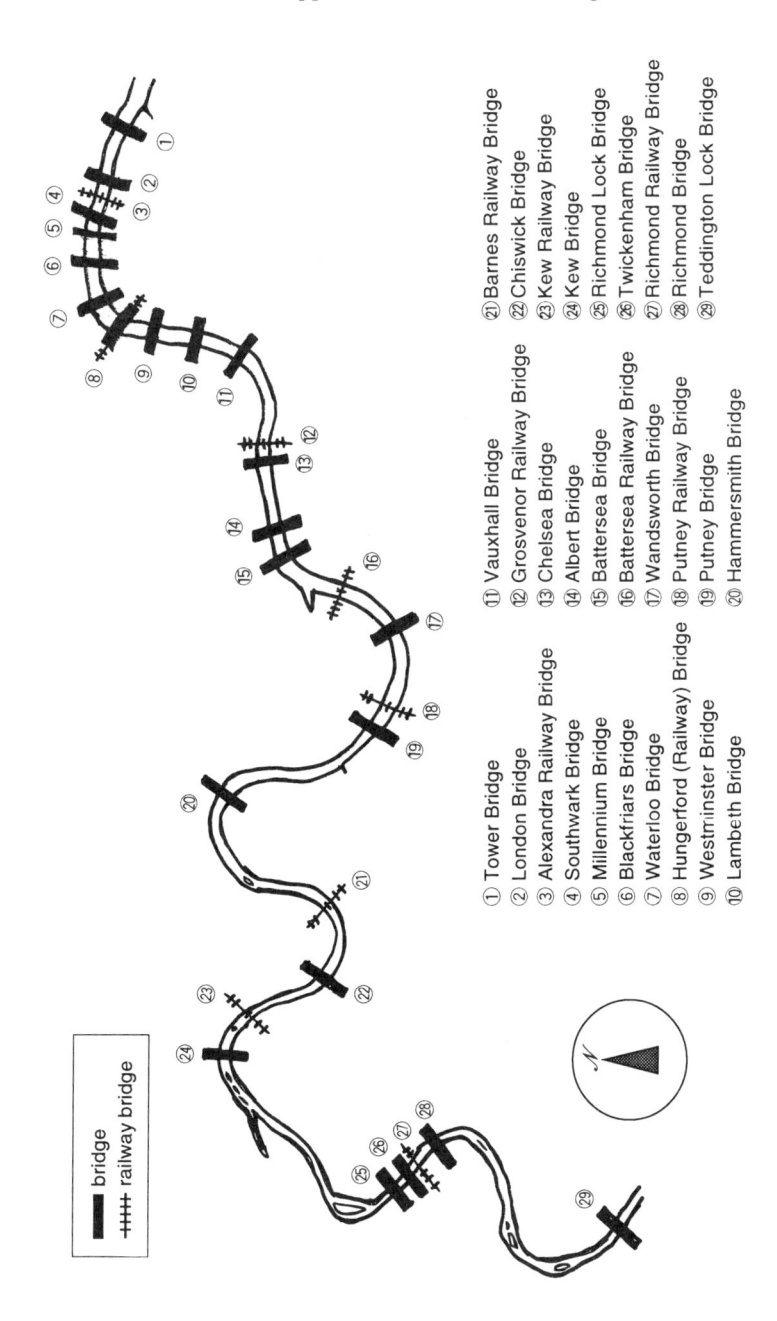

166. London's Bridges over the Thames

リッチモンド水門橋 (Richmond Lock Bridge)：1894
チズィック橋 (Chiswick Bridge)：1933
トゥイッケナム橋 (Twickenham Bridge)：1933
ミレニアム橋 (the Millennium Bridge)：2000

鉄道橋
リッチモンド鉄道橋 (the Richmond Railway Bridge)：1848 (1908)
バーンズ鉄道橋 (the Barnes Railway Bridge)：1849 (1891 − 5)
グロウヴナー鉄道橋 (the Grosvenor Railway Bridge)：1858 − 66 (1963 − 7)
バタスィー鉄道橋 (Battersea Railway Bridge)：1863
アレグザンドラ鉄道橋 (Alexandra Railway Bridge)：1866
キュー鉄道橋 (Kew Railway Bridge)：1869
パトニー鉄道橋 (Putney Railway Bridge)：1889

Albert Bridge, the （アルバート橋）

　北岸のチェルスィー (Chelsea) 地区と南岸のバタスィー (Battersea) 地区を結ぶ。カンティレヴァー橋 (cantilever bridge*) と斜張橋 (cable-stayed bridge*) を組合せたタイプの橋で、設計者は R.M. オーディッシュ (Roland Mason Ordish*)。1871年の着工で1873年に完成。全長約217メートル、車道の幅約13メートル、橋脚 (pier*) と橋脚の間の距離 (スパン：span*) は、中央部で約122メートル、左右両端部はそれぞれ47メートル。装飾的な鋳鉄製 (cast iron*) の橋塔 (tower) から錬鉄製 (wrought iron*) の16本のバー (bar) で吊った。有料橋 (toll bridge*) として出発したが、1879年より通行料は無料 (toll-free*) となった。
　1884年に J. バズルジェット (Joseph Bazalgette*) により吊り部分の修理・整備がなされ、1973年には橋床も補強されて今日に至る。無数の電球による照明が特に美しいことでも知られる。

Supplement — London's Bridges over the Thames

167. Albert Bridge（アルバート橋）の全容

168. アルバート橋。ヴィクトリア朝の様式ながら東洋風な橋塔

Barnes Railway Bridge, the （バーンズ鉄道橋）

　南岸のバーンズ地区と北岸のチズィック地区（Chiswick）を結ぶ。アーチ（arch*）が3つの鋳鉄製（cast iron*）で、着工は1846年、開通は1849年。設計者はJ. ロック（Joseph Locke）とT. ブラッスィー（Thomas Brassey）。交通量の増加に伴い、1891年〜1895年にかけて補強工事が施され、同時に錬鉄製（wrought iron*）の人道橋（footbridge*）が下流側に付加されて今日に至る。

　オックスフォード大学（Oxford University）対ケンブリッジ大学（Cambridge University）の恒例のボート・レース（the (University) Boat Race*）のゴール（→ Chiswick Bridge）に比較的近い位置にあるため、この橋は見物には好都合の場所として知られていたが、今日ではレース中は人道橋が閉鎖になる。

169. Barnes Railway Bridge(バーンズ鉄道橋)

Battersea Bridge, the (バタスィー橋)

南岸のバタスィー地区と北岸のチェルスィー(Chelsea)地区を結ぶ。旧橋は木造で、幅約8.5メートル。橋脚(pier*)と橋脚の間(スパン:span*)の数は19。設計者はH. ホランド(Henry Holland)で、1771年には歩行者に、1772年には馬車など乗物にも開通になった。旧ロンドン橋(Old London Bridge*:1209年)の場合と同様に、橋脚と橋脚の間は流れが急で、舟で通過するのは難しく、橋脚に衝突して転覆することも少なくなかった。1886年～1890年にかけて鋳鉄(cast iron*)と錬鉄(wrought iron*)と鋼鉄(steel*)を用いた橋に新たに架け替えられて今日に至る。但し、橋脚は花崗岩(granite)。新橋のアーチ(arch*)の数は5、幅約17メートル。設計者はJ. バズルジェット(Joseph Bazalgette*)。もっとも、今日では軽量コンクリート(lightweight concrete)で補強されている。有料橋(toll bridge*)として出発したが、1879年より通行料は無料(toll-free*)となった。

Blackfriars Bridge (ブラックフライアーズ橋)

北岸のブラックフライアーズ地区と南岸のサザック(Southwark)地区を結ぶ。石造りの橋としては、旧ロンドン橋(Old London Bridge*:1209年)、旧ウェストミンスター橋(Old Westminster Bridge*:1750年)に次いで、テムズ川(the Thames)に架かった3番目の橋。1760年の着工で1769年に完成。当初は

Supplement — *London's Bridges over the Thames*

時の首相ウイリアム・ピット(William Pitt:1708－78)にちなんで、'William Pitt Bridge' あるいは 'Pitt Bridge' と呼ばれたが、彼の人気が衰えるにつれ、'Blackfriars Bridge' の名称の方が好まれるようになった。この名称は1274年にホーボーン(Holborn)地区からそこへ移転したドミニコ修道会へ敬意を表してその名前をとったものである。

全長約303メートル、幅約13メートル。9つの半楕円形のアーチ(semi-elliptical arch)から成り、中央部の橋脚間の距離(スパン:span*)が約30メートル、高さ約13メートル。石材にはイングランド西南部のドーセット州(Dorset)に属すポートランド島(the Isle of Portland)で産出する黄白色の石灰岩(limestone)である「ポートランド石」(Portland stone*)が用いられた。

この橋は設計のコンペが行なわれ、R. ミルン(Robert Mylne:1734－1811)の案に決定したわけだが、J. グイン(John Gwynn:生年未詳－1786)の完全半円アーチ(semicircular arch*)の案との間で論争が巻き起こって、ジョンソン博士(Dr. Samuel Johnson:1709－84)はグインの方を推奨したとして知られている。最初は「有料橋」(toll bridge*)として出発したが、1785年から通行料は無料(toll-free*)になった。

また、1860年～1869年にかけて、錬鉄製(wrought iron*)の橋に新たに架け替えられて今日に至る。ただし、橋脚だけは花崗岩(granite)で、新橋のアーチの数は5。設計者はJ. キュービット(Joseph Cubitt)とH. カー(H. Carr)。全長約282メートル、幅約21メートル。小鳥や花、海洋植物やカモメなどの装飾的彫刻が施されていることでも知られる。開通式にはヴィクトリア女王(Victoria:在位1837－1901)も出席した。

ちなみに、木造の橋なら、これより以前にテムズ川にはパトニー橋(Putney Bridge*:1729年)とキュー橋(Kew Bridge*:1759年)が架けられていた。

H.V. モートンの『魅惑するロンドン』の中の「優しい巨人たち」(The Mild Giants)は、往来で混雑する朝のこの橋の上を2頭立ての荷馬車が倉庫へ向かう様子を描いたものだが、その馬たちを「巨人」に見立てたエッセイである。但し、架け替えられた新しい橋の方である。

Every morning they come straining with a great clatter of hoofs over

Blackfriars Bridge, pulling a lorry piled with boxes. One is a big bay with a white blaze; the other is a big black with a star on his forehead.

—— H.V. Morton: *The Spell of London*

(毎朝2頭の馬はひづめの音も猛々しく、箱を積み上げた荷車を懸命に引っ張り引っ張り、ブラックフライアーズ橋を渡ってくるのです。1頭は眉間に白い流線の入った大きな鹿毛で、もう1頭はそこに星形のついた大きな黒馬。)

ハロルド・ケリーのエッセイ『ロンドン名所』の「凪」(In the Doldrums) の中でも、この橋を渡る車の音に触れている。但し、これも新しい方の橋である。

From far above he can hear the rumble of traffic as it passes on its way over the bridges. A light persistent hum descends from Blackfriars Bridge, with crescendos and diminuendoes.

—— Harold Kelly: *London Cameos*

(遠く上流の方からはテムズ川に架かる幾つかの橋を渡る車の音が彼の耳には届いていました。そして、ブラックフライアーズ橋の上からは、往き来する車の軽い響きが次第に強くなったかと思うと徐々に弱くなったりして、絶え間なく聞こえてくるのです。)

ちなみに、テムズ川に沿ってこの橋とウェストミンスター橋との間は約2400メートルあって、「ヴィクトリア河岸通り」(the Victoria Embankment : 1870年完成)と呼ばれる遊歩道が設けられている。また、その中ほどには「クレオパトラの針」(Cleopatra's Needle : 1878年建立)と呼ばれる花崗岩製のオベリスク(obelisk)が建てられ今日に至っている。

H.V. モートンは『夜のロンドン』の「テムズ川―午前2時」(The Thames: Two a.m.)の中で、船の中からこの橋のアーチを通して眺めた上述の遊歩道の夜景を描写している。

One of the loveliest glimpses of London I have ever seen is that which unfolds itself at night through the jet black arches of Blackfriars Bridge

Supplement — London's Bridges over the Thames

... the pin points of the Embankment lights curving round to Westminster across an oily expanse of Thames, the lights wavering in the water, and, in the background, grey and sleeping, the tall buildings of the Embankment ....

—— H.V. Morton: *The Nights of London*

(ロンドンがこれまでにちらりと見せた表情のうちで、私が最も素晴らしいと感じたのは、ブラックフライアーズ橋の漆黒のアーチ越しに展開される眺めなのです。遊歩道の街灯が幾多の点となって連なり、つやつやと光る幅の広いテムズ川の向こう側のウェストミンスター市へと曲線を描いて続いているのです。街灯の明かりは水面に映って漂い、その背景には遊歩道に沿って灰色の高い建物が連なって眠っているのです。)

Chelsea (Suspension) Bridge (チェルスィー(吊)橋)

北岸のチェルスィー地区と南岸のバタスィー(Battersea)地区を結ぶ。初代はT. ペイジ(Thomas Page*)の設計になる吊橋(suspension bridge*)で、橋塔(tower)は鋳鉄製(cast iron*)であった。1851年の着工で1858年に完成。幅約14メートル。有料橋(toll bridge*)として出発したが、1879年に通行料は無料(toll-free*)となった。1934年～1937年にかけて新たな鋼鉄製(steel*)の吊

170. Chelsea Bridge(チェルスィー橋)

橋に架け替えられて今日に至る。橋塔間の距離は約107メートル、幅約25メートル。すぐそばをグロゥヴナー鉄道橋(the Grosvenor Railway Bridge*)が平行して走っている。

Chiswick Bridge（チズィック橋）

　北岸のチズィック地区と南岸のモートレイク(Mortlake)地区を結ぶ。アーチ(arch*)が3つのコンクリート製だが、表面にはポートランド石(Portland stone*)を用いている。これはイングランド西南部のドーセット州(Dorset)に属すポートランド島(the Isle of Portland)で産出する黄白色の石灰岩(limestone)である。設計者はH. ベイカー(Herbert Baker)で、1933年にプリンス・オブ・ウェールズ(the Prince of Wales)の列席の下に開通式が行なわれた。全長約185メートル、幅約21メートル。

　オックスフォード大学(Oxford University)対ケンブリッジ大学(Cambridge University)の恒例のボート・レース(the (University) Boat Race*)の出発地点は後述したパトニー橋(Putney Bridge*)で、ゴールはこの橋の近くのモートレイクである。

Grosvenor Railway Bridge, the（グロゥヴナー鉄道橋）

　「ヴィクトリア(鉄道)橋」(the Victoria (Railway) Bridge)とも呼ばれる。テムズ川に架けられた最初の鉄道橋で、北岸のヴィクトリア地区と南岸のバタスィー(Battersea)地区を結ぶ。1858年の着工で、下流側は1860年に完成したが、上流側も含め全面的に開通になったのは1866年。設計・建造に携わったのはJ. ファウラー(John Fowler*)とC. フォックス(Charles Fox)。錬鉄製(wrought iron*)で、アーチ(arch*)の数は5。1963年～1967年に鋼鉄製(steel*)の橋に新たに架け替えられて今日に至る。

Hammersmith (Suspension) Bridge（ハマースミス(吊)橋）

　テムズ川に架けられた最初の吊橋(suspension bridge*)で、北岸のハマースミス地区と南岸のバーンズ(Barnes)地区を結ぶ。1825年の着工で1827年に完成。設計者はW.T. クラーク(William T. Clarke：1783-1852)。橋脚(pier*)

Supplement — London's Bridges over the Thames

171. Hammersmith Bridge(ハマースミス橋)

と橋塔(tower)は石造りで、橋床は木造。中央部の橋脚間の距離(スパン:span*)は約129メートル。当初は有料橋(toll bridge*)で、通行料金徴収所(toll house*)が橋の両端部に設置されていた。

　1883年～1887年にかけて新たに架け替えられて今日に至る。設計者はJ. バズルジェット(Joseph Bazalgette*)。緑色の塗装で、全長約214メートル、幅約13メートル。

　オックスフォード大学(Oxford University)対ケンブリッジ大学(Cambridge University)の恒例のボート・レース(the (University) Boat Race*)では、パトニー橋(Putney Bridge*)が出発地点で、チズィック橋(Chiswick Bridge*)の近くのモートレイク(Mortlake*)がゴールになるが、その中間地点がこの橋に当たる。

Hungerford (Suspension) Bridge, the (ハンガーフォード(吊)橋)

　北岸のヴィクトリア河岸通り(the Victoria Embankment*)と南岸のサウス・バンク(the South Bank)地区を結ぶ。I.K. ブルネル(Isambard Kingdom Brunel*：1806－59)の設計になる「人道橋」(footbridge*)としての吊橋(suspension bridge*)で、1841年の着工で1845年に完成。名称は北岸側にあったハンガーフォード市場(Hungerford Market)にちなんだもの。全長約446メートル、橋脚(pier*)と橋脚の間の距離(スパン:span*)は、中央部で約206メート

172. Old Hungerford Suspension Bridge（旧ハンガーフォード吊橋）

ル、左右両端部はそれぞれ約105メートル。当初は有料橋（toll bridge*）として出発し、通行料金は歩行者ひとりにつき半ペニーであった。

　しかし、1860年～1864年に錬鉄製（wrought iron*）の鉄道橋（Hungerford [Charing Cross] Railway Bridge）に新たに架け替えられた。但し、これには「人道橋」も組み込まれている。設計者はJ. ホークショー（John Hawkshaw）。また、架け替えの際には、元の橋のチェーン・ケーブル（chain cable*）は上記ブルネルの設計になるクリフトン吊橋（the Clifton suspension Bridge*）の建造に再利用された。

　さらに、1980年～1981年には橋桁が鋼鉄製（steel*）に替えられたが、橋脚は依然ブルネルのレンガ造りのそれが用いられている。

　なお、キリスト生誕2000年目を祝う千年紀の企画（Millennium Project）として、新たな人道橋（the New Hungerford Bridge）の建造が開始され2002年に完成。

　H.V. モートンはエッセイ『夜のロンドン』の「ウォータールー橋の下で」（Under Waterloo Bridge）の章で、明け方のテムズ川を進む舟の上から、ウォータールー橋のさらに上流にあるこの橋の眺めを、一幅の絵になぞらえて描写している。但し、ウォータールー橋は旧橋で、この橋は新橋の方である。

　　Through the final span of Waterloo Bridge we saw, framed in that black arch, a pastel of blues and blacks: the near lights of Hungerford Bridge,

Supplement — London's Bridges over the Thames

173. Hungerford Railway Bridge(ハンガーフォード鉄道橋)

the more distant lamps of Westminster, the slow glide of a lit tramcar in the emptiness of the early morning.
—— H.V. Morton: *The Nights of London*

(ウォータールー橋の一番端のあの黒々としたアーチの額に入った、青と黒の濃淡による1枚のパステル画が見えました。近景にはハンガーフォード橋の灯り、遠景にはウェストミンスター市の街灯、そして、がらんとした早朝の町を灯りをつけて滑るようにゆっくりと走る路面電車。)

Kew Bridge (キュー橋)

　南岸のキュー地区と北岸のイーリング(Ealing)地区とを結ぶ。初代の橋は木造で、アーチ(arch*)の数は7。設計者はJ. バーナード(John Barnard)で1758年〜1759年に完成。しかし、この橋の下を通過する舟が橋脚(pier*)に衝突を繰り返したので、ポートランド石(Portland stone*)とパーベック石(Purbeck stone)を用いた石造りに架け替えられた。これらの石は、イングランド西南部のドーセット州(Dorset)に属すポートランド島(the Isle of Portland)およびパーベック半島(the Isle of Purbeck)それぞれに産出する石灰岩(limestone)として知られる。2代目の橋の設計者はJ. ペイン(James Paine*:1725−89)で、1784年〜1789年に完成。最初は有料橋(toll bridge*)として出発したが、1873年から通行料は無料(toll-free*)となる。さらにその後も安全と効率の面から新たに架け替えがなされ、1903年にエドワード7世(Edward Ⅶ:在位1901−10)の出席の下に開通式が行なわれた。名称も「国王エドワード7世橋」(the King Edward Ⅶ Bridge)とされたが、その名前はあまり浸透せず、数年後には結局上記

の名称になって、今日に至る。3代目の新橋の設計者はJ. ウルフバリー（John Wolfe-Barry*）とC.A. ブレアトン（C.A. Brereton）で、コンクリートや花崗岩（granite）を用い、アーチ（arch*）の数は3。

Lambeth Bridge （ランベス橋）

南岸のランベス地区と北岸のウェストミンスター（Westminster）地区を結ぶ。初代の橋は鉄製の吊橋（suspension bridge*）で1862年に完成。橋脚（pier*）と橋脚の間（スパン：span*）の数は3、その距離はそれぞれ約82メートル。設計者はP.W. バーロゥ（P.W. Barlow）。有料橋（toll bridge*）として出発したが、1877年より通行料は無料（toll-free*）となる。

この橋のさびによる腐食の度合いがはなはだしいため、1929年～1932年に新たに鋼鉄製（steel*）で架け替えられて今日に至る。新橋の設計者はG. ハムフリーズ（George Humphreys）で、アーチ（arch*）の数は5。パイナップル（pineapple）をかたどった頂華（finial）を戴いたオベリスク（obelisk）や街灯柱（lamp post）が立っていることでも知られる。言い伝えでは、パイナップルをイギリスへ最初に紹介したJ. トラデスキャント（John Tradescant）を記念するものとされるが、確証はない。

また、近くにある国会議事堂（the Houses of Parliament）内の貴族院［上院］（the House of Lords）の議員席（bench）の色に合わせて、橋も赤色に塗装されて

174. Lambeth Bridge（ランベス橋）

Supplement — London's Bridges over the Thames

いる。ちなみに、隣りのウェストミンスター橋(Westminster Bridge*)は衆議院［下院］(the House of Commons)のそれに合わせて緑色である。

Millennium Bridge, the (ミレニアム橋)

北岸のセントポール大聖堂(St. Paul's Cathedral)から南岸のテイト・モダーン美術館(the Tate Modern)へ通ずる人道橋(footbridge*)としての鋼鉄製(steel*)の吊橋(suspension bridge*)。但し、橋脚(pier*)はコンクリートと鋼鉄製。サザック橋(Southwark Bridge*)とブラックフライアーズ橋(Blackfriars Bridge*)の中間に位置している。全長約330メートル、幅約4メートル。欄干(parapet)の高さ約1.2メートル。満潮時で水面からの高さ約11メートル。

キリスト生誕2000年目を祝う千年紀(the Millennium)の記念として、ミレニアム・ドーム(the Millennium Dome：1999)やロンドン・アイ(the London Eye：2000)と呼ばれる大観覧車などと共に建造されたもので、2000年6月10日に完成。ここ100年ほどの間ではロンドン中心部でテムズ川に架かる最初の人道橋である。設計には建築家のN.R. フォスター(Norman R. Foster：1935—)を初め、彫刻家のA. カーロ(Anthony Caro)や技師のO. アループ(Ove Arup)なども加わっている。フォスターは夜間のライトに浮かび上がるそれに「光の草の葉」(blade of light)のイメージを抱いていたという。

但し、開通の僅か2日後の12日に揺れが激しいとの理由で閉鎖になり、「ぐら

175. Millennium Bridge(ミレニアム橋)

ぐら橋」(The Wobbly Bridge)というあだ名までつけられた。もっとも、その後の設計の見直しなどでその問題は既に解消され、2002年2月27日に再び開通になって今日に至る。

Putney [Fulham] Bridge (パトニー[フラム]橋)

　南岸のパトニー地区と北岸のフラム地区を結ぶ。テムズ川に架かった橋では旧ロンドン橋(Old London Bridge*：1209)に次いで2番目。ただし、初代の橋は木造で、1729年に完成。設計者はJ. エイクワース(Joseph Acworth)。橋脚(pier*)と橋脚の間(スパン：span*)の数は26。しかし、その橋脚間の距離は一定ではなく、狭いところでは約4メートル、広いところでは約10メートルになった。有料橋(toll bridge*)で、通行料金徴収所(toll house*)は両端部に設置されていた。

　1870年には下を通過する舟の衝突によって中央部の橋脚が大きな損傷を受けたこともあって、1882年～1886年にかけて花崗岩(granite)およびコンクリートを用いた橋に新たに架け替えられて今日に至る。全長約214メートル、幅約13メートルで、アーチ(arch*)の数は5。設計者はJ. バズルジェット(Joseph Bazalgette*)。

　ちなみに、この橋は1845年以来、オックスフォード大学(Oxford University)対ケンブリッジ大学(Cambridge University)の恒例のボートレース(the (University) Boat Race*)の出発地点にされている。ゴールは上流のモートレイク(Mortlake)で、チズィック橋(Chiswick Bridge*)の近くになる。その中間地点に上述のハマースミス橋(Hammersmith Bridge*)がある。

　また、この橋のすぐそばを「パトニー鉄道橋」(the Putney Railway Bridge)が走っている。錬鉄製(wrought iron*)で、1889年の完成。設計者はW.H. トーマス(W.H. Thomas)とW. ジェイコム(William Jacomb)。地元では「鉄橋」(the Iron Bridge*)と呼ばれて親しまれている。

Richmond Bridge (リッチモンド橋)

　南岸のリッチモンド地区と北岸のトゥイッケナム(Twickenham)地区を結ぶ。石造りで水流を渡る部分のアーチ(arch*)の数は5だが、ほかの部分も入れると

Supplement — London's Bridges over the Thames

176. Richmond Bridge(リッチモンド橋)

全部で13。1774年の着工で1777年に完成。設計者はJ. ペイン(James Paine*)とK. カウズ(Kenton Couse)。最初は「有料橋」(toll bridge*)として出発したが、1859年から通行料は無料(toll-free*)となった。1937年〜1939年に幅の拡張工事が施されて今日に至る。

Richmond Railway Bridge, the (リッチモンド鉄道橋)

上述のリッチモンド橋(Richmond Bridge*)に近いがさらに下流に架かる鋳鉄製(cast iron*)で、1848年に開通。橋脚(pier*)と橋脚の間(スパン：span*)の数は3で、そのひとつの距離は約30メートル。設計者はJ. ロック(Joseph Locke)とJ. エリントン(John Errington)。

但し、1908年に新たに鋼鉄製(steel*)の橋に架け替えられて今日に至る。設計者はJ. フード(Jacomb Hood*)。

Southwark Bridge (サザック橋)

南岸のサザック地区と北岸のシティー(the City：旧市部)を結ぶ。J. レニー(John Rennie*：1761 − 1821)の設計で1814年〜1819年に完成。当時としては最大級の鋳鉄製(cast iron*)の橋で、橋脚(pier*)部分だけは花崗岩(granite)。川幅の狭いところに渡したので、アーチの数は3。中央部の橋脚間の距離(スパン：span*)は約73メートル、水面からの高さ約13メートル、その両隣のスパ

177. Old Southwark Bridge (旧サザック橋)

ンはそれぞれ約64メートル。当初は民間会社の資金で建造されたので、「有料橋」(toll bridge*) として出発したが、1868年からはロンドン市が買い上げて通行料は無料(toll-free*)となった。
　しかし、1912年〜1921年にかけて、同じく橋脚は石造りだが、5つのアーチを持つ鋼鉄製(steel)の橋に新たに架け替えられて今日に至る。その建造に携わったのは、モット(Mott)、ヘイ(Hay)、およびE. ジョージ(Ernest George)。

Tower Bridge, (the) ☞ bascule bridge

Twickenham Bridge (トゥイッケナム橋)
　南岸のリッチモンド(Richmond)地区と北岸のトゥイッケナム地区を結ぶ。1933年に7月3日にプリンス・オブ・ウェールズ(the Prince of Wales)の出席の下に開通となった。鉄筋コンクリート製(reinforced concrete*)で、欄干は青銅製(bronze)。全体のデザインは既述した「チズィック橋」(Chiswick Bridge*)に似ている。設計者はM. エアトン(Maxwell Ayrton)で、建造にはA. ドライランド(A. Dryland)も携わった。

Vauxhall Bridge (ヴォクソール橋)
　南岸のヴォクソール地区と北岸のピムリコ(Pimlico)地区を結ぶ。テムズ川に

架かる最初の鋳鉄製(cast iron*)の橋で、1816年に完成。設計者はJ. ウォーカー (James Walker)。アーチの数は9。最初は「リージェント橋」(the Regent's Bridge)と命名されていた。当初は「有料橋」(toll bridge*)として出発したが、1879年から通行料は無料(toll-free*)となった。

この橋の近くには有名なヴォクソール・ガーデンズ(Vauxhall Gardens*)という「ティー・ガーデンズ」(the tea gardens*)が位置していた。広大な庭園を散策しながら喫茶を楽しめる趣向で、オーケストラによるコンサートや打ち上げ花火などでも人気を集めた。しかし、1895年～1906年にかけて、5つのアーチ(arch*)を持つ鋼鉄製(steel*)の橋に新たに架け替えられて今日に至る。但し、橋脚(pier*)は花崗岩(granite)。設計者はA. ビニー (Alexander Binnie)。全長約247メートル、幅約24メートル。橋台(abutment*)に装飾的彫刻が多く施されていることでも知られている。

Waterloo Bridge ☞ Bridge of Sighs

Wandsworth Bridge (ウォンズワース橋)

南岸のウォンズワース地区と北岸のフラム(Fulham)地区を結ぶ。初代の橋は1870年の着工で1873年に完成した錬鉄製(wrought iron*)の橋。設計者はJ.H. トルム (Julian H. Tolmé)。橋脚(pier*)と橋脚の間(スパン：span*)の数は5。最初は有料橋(toll bridge*)として出発したが、1880年に通行料は無料(toll-free*)となった。

1936年～1940年にかけて、アーチ(arch*)の数が3の鋼鉄製(steel*)の橋に新たに架け替えられて今日に至る。中央のアーチの距離は約61メートル。設計者はT.P. フランク (T. Peirson Frank)。

Westminster Bridge (ウェストミンスター橋)

北岸のウェストミンスター地区と南岸のサウス・バンク(the South Bank)地区を結ぶ。石造りの橋としては、旧ロンドン橋(Old London Bridge*：1209年)に次いでテムズ川に架かった2番目の橋。木造の橋ならば、既にパトニー橋(Putney Bridge*：1729)が架けられていた。着工は1738年、礎石(foundation

178. Old Westminster Bridge(旧ウェストミンスター橋)。右手にウェストミンスター寺院 (Westminster Abbey)

stone)を据えたのは1739年で、完成は1749年、翌1750年11月18日に開通。
　当時の架橋技術では最先端を行くとされたフランスで学んだスイス人のC. ラベリェ(Charles Labelye)の設計になる。イングランド西南部のドーセット州(Dorset)に属すポートランド島(the Isle of Portland)で産出する黄白色の石灰岩(limestone)であるポートランド石(Portland stone*)を用いて、15の完全半円アーチ(semicircular arch*)から成る。全長は旧ロンドン橋(Old London Bridge*)よりずっと長く約317メートル、幅約13メートル。中央部のアーチの距離(スパン：span*)は約23メートルと最長で、それを基に左右両隣りのアーチへ移るにつれ順次約1メートルずつ短くなり、最後のアーチでは約16メートルになる。イギリスで最初にケーソン(潜函：caisson)を用いた工法で建造された橋でもある。ケーソンは水中で橋脚を構築する際に利用するもので、巨大な円筒状のものを川底まで入れ、周囲の水や土砂を遮断しておいて、さらにその筒体の内部で土砂を掘り進めて地盤に達すると、そこでコンクリートなどによって基礎を築くのである。
　この橋に犬を入れることは禁止されていた。また、特別に高い欄干(parapet)がついていたため、フランスからの旅行者に「憂鬱症のイギリス人が投身自殺を

Supplement — London's Bridges over the Thames

図るのを防止する目的であろう」と、冗談ではなく本気に受け止められたほどのこしらえであった。しかし、名橋として知られたこの橋は1854年～1862年にかけて鋳鉄(cast iron*)と錬鉄(wrought iron*)を用いた橋に新たに架け替えられて今日に至る。但し、橋脚は石造り。この橋より上流にあったロンドン橋を取り壊した時に生じた水流の影響で、橋脚の安全が保てなくなったためである。新橋は全長約252メートル、幅は約26メートルで、アーチ(arch*)の数は7。アーチのスパンは中央部のそれで約37メートル、端部で約29メートル。

　新しい橋の設計と監督はT. ペイジ(Thomas Page*)で、この橋のそばに立つ国会議事堂(the Houses of Parliament)を建造したC. バリー(Charles Barry*)もその設計に参加したとされる。もっとも、新橋は旧橋の優雅さには遠く及ばないと一般には受け止められている。

179. 現在のウェストミンスター橋の全容

180. ウェストミンスター橋。背後に国会議事堂とビッグ・ベン(Big Ben)

ちなみに、南側の橋詰めにはライオンの石像(Coade Stone Lion)、北側には、ローマ総督に反旗を翻したブリテン人の部族の女王として知られるブーディカ(Queen Boudicca :?－AD 62)の彫像が置かれている。また、国会議事堂内の衆議院［下院］(the House of Commons)の議員席(bench)の色に合わせて、橋も緑色に塗装されている。ちなみに、隣りのラムベス橋(Lambeth Bridge*)は貴族院［上院］(the House of Lords)のそれに合わせて赤色である。

W. ワーズワースの「ウェストミンスター橋の上にて詠める」は、橋そのものをうたった詩ではなく、この橋の上からの早朝の光景であり、それも旧橋の方である。フランスで余暇を過ごすために、妹のドロシー(Dorothy)を伴ってドーヴァー(Dover)へ出立する朝にこの橋を馬車で渡ったのである。時は正確には1802年7月31日とされる。

> Earth has not anything to show more fair:
> Dull would he be of soul who could pass by
> A sight so touching in its majesty:
> This City now doth, like a garment, wear
> The beauty of the morning; silent, bare,
> Ships, towers, domes, theatres, and temples lie
> Open unto the fields, and to the sky:
> All bright and glittering in the smokeless air.
> —— William Wordsworth: 'Composed upon Westminster Bridge,
> September 3, 1802' (1－8)

(この世にはこの美しさを凌ぐものはほかにありません、
心打たれるこの威厳に満ちた光景を目のあたりにして、
ただ過ぎ行く人の心こそ鈍っているのです。
この都は今まさに暁の美を衣にまとっているところで、
船や塔やドームや劇場や寺院は、全てが自らの姿を、
周囲に広がる地へも天へも、あるがままに黙して曝し、
未だ煙の立たぬ大気の中に輝きを放っているのです。)

Supplement ― Stiled Bridge

Stiled Bridge
奇妙で愉快な「スタイルつきの橋」

'a bridge and stile'と簡単にいうこともできる。橋の種類こそ既述した「歩み橋」(footbridge*)だが、「通行止め」に思えるような付属の備えを持っている。一見すると、長い年月にわたって風雨にさらされ、橋自体の老朽化が進んだために、渡るのはもはや危険との判断で通行が禁じられたもの、とも受け取られかねないこしらえになっている。

確かに「通行止め」には相違ないが、この備えは「人間」に対してではなく、「家畜」の行動を考慮に入れた上でのものになる。つまり、川をはさんでこちら側が羊や牛の放牧場になっている場合、その羊や牛が橋を渡って向こう側に逃げ出さないとも限らず、あるいは、対岸も放牧場であれば、向こうの家畜がこちら側へまぎれ込む心配も十分にある。そこで、橋には「通行止め」を仕掛けたというわけである。最初から橋を架けなければ問題はないことになるが、人間には橋はな

181. stiled bridge(スタイルつきの橋)。バークシャー州の町パングボーン(Pangbourne)

182. スタイルつきの橋。ノース・ヨークシャー州のウィールデイル・ムーア(Wheeldale Moor)近辺

くてはならないもので、この「スタイル」と呼ばれる備えが必要になるのである。

この問題は 'public footpath' の存在とかかわることで、概略は以下の通りである。

都市地域にもあるが、特に田園地帯を散策できるように「歩行者専用」と定められた「公道」であるこの道は、イギリス全土津々浦々に行き渡っていて、公地はもちろん、時には私有地の中にさえ通じている。例えば、15世紀～16世紀にかけての第一次農業改革で、分散する比較的小規模な土地を牧羊に適するように、大規模な土地として一ヶ所に統合するために「囲い込み」(enclosure)が行なわれたが、その際には境界を示す囲いとして、生垣(hedgerow)や石垣(dry-stone wall)が築かれた。さらに、18世紀中葉～19世紀中葉にかけての第2次農業改革では、資本主義的大農制度による穀物生産が重視され、やはり生垣や石垣で農地の囲い込みが行なわれた。しかし、それと同時に、それまで境界の外側を走っていたこの歩行者用の道が、新たな区画の内側に取り入れられる場合も生ずる。それでもなお当然ながら元の道のあったところは、「歩く権利」(the right of way)が認められることには変わりがないのである。そこで、ひと工夫もふた工夫も知恵がしぼられた結果、生垣や石垣で囲まれた放牧場であっても、人間だけはそれを乗り越えて出入りが、換言すれば、元の道を歩きつづけることが可能になるが、家畜には到底無理という仕掛けが案出されたのでる。その考案物こそ「スタイル」(stile)なのである。

最も一般的なタイプは、木製の踏み板を段々に重ねて踏み台状にしたものだが、1段だけになることもある。石垣に設置する時には、それも石造りの段々になるのが通例だが、どちらの場合であれ、棒が1本、その上り下りの際につかまることができるように、脇に立ててあることが多い。

要するに、生垣や石垣ならぬ「橋」とこの「スタイル」とを組合せることによって、人間は歩いて渡れるが家畜には不可能という仕組みになっているわけである。

ちなみに、生垣や石垣に対して「スタイル」の代わりに、片側を蝶番で止めて開閉するタイプの「フィールド・ゲイト」(field-gate)が取りつけられていることも珍しくないが、ゲートにすると、歩行者が出入りの際に閉め忘れることもあって、家畜が逃げ出す恐れもあるのである。また、上述の「歩く権利」は1932年に立法化(施行は1934年1月1日から)された。

Supplement — Stiled Bridge

183. スタイルに代わってゲートつきの橋。
ハンプシャー州の州都ウィンチェスター(Winchester)

184. パブリック・フットパスを示す道標柱。ケンブリッジシャー州のバリントン村(Barrington Village)

185. 畑地を貫くパブリック・フットパス。バークシャー州のクッカム・ディーン村(Cookham Dean Village)

186. 霧氷の中のパブリック・フットパス。ケンブリッジ(Cambridge)

187. 横木が5本の典型的な field gate（フィールド・ゲート）。
コーンウォール州のロスウィスィエル（Lostwithiel）

　さらに、田園地帯のパブリック・フットパスは、乗馬も許される道（bridleway）も含めるとイングランドおよびウェールズで約192,000キロメートルに達する。これは約1平方マイルの土地につき2マイル（約2.5平方キロメートルにつき3キロメートル）ずつ通っている計算になる。また、都市地域のそれも合わせると約220,000キロメートルを越える規模になる。

　田園散策のためのガイドブックにも、橋の両端に横板を2枚ずつ張り渡したイラストと共に、次のような記述が見られる。

> Beyond overhead power lines, turn left over dyke at stiled footbridge. Straight on, keeping parallel to trees on right.
> —— *Book of Country Walks*

　（架空電線より前方へ出て、スタイルつきの歩み橋を渡って排水溝を越え左へ曲がる。右手の木立と平行して直進する。）

　橋には水路で分断された道路を連結する目的があるように、スタイルは生垣や石垣で分離された道を連絡する働き、いってみれば極めて規模の小さな「陸上の橋」のような存在でもあるのである。しかし、ひと口に「スタイル」といっても、そのタイプはいろいろある。また、スタイルではないが、それと同様の目的を持つほかの備えもあるので、橋とは直接の関係はないが、以下に紹介してみることとする。

Supplement — Stiled Bridge

wooden stile & stone stile（木製と石造りのスタイル）

'stile'の語源は'climb'（登る）を意味する古代英語の'stigel'に由来。田園地帯に特有のスタイルは'country stile'、特に放牧場や畑地の囲いである生垣や石垣やフェンスに備えつけられたものは'field stile'と呼ばれるが、木製や石造りの踏み段を囲いの両側に段々に設けたものである。それは1段のこともあれば2～3段になる場合もある。通例は上り下りの際につかまることができるように、脇には長い棒が1本立ててある。

また、石垣の壁面に下から上へ斜めに上れるように石板を取りつけたタイプもあって、'step stile'あるいは'stepped stile'と呼ばれる。

'cross[go over] a three step[ped] stone stile'といえば「3段の石造りのスタイルを越える」の意味で、'a large wooden gate with a stile'とか'a stile by a large wooden gate'とすると、「大きな木製のゲートの脇にスタイルが備えてある」場面が連想される。

ちなみに、一般にスタイルの管理および修理は土地所有者に法的義務があることになっている。

こういう田園に見られるスタイルは、農業改革で囲い込みが行なわれたにもかかわらず存続した「共有の道」(common route)を、ただ明示するにとどまらず、

188. wooden stile（木造のスタイル）。湖水地方のウォスドル・ヘッド村（Wasdale Head Village）

189. stone stile（石造りのスタイル）。ウィルトシャー州のソールズベリー（Salisbury）

また、歴史の中で獲得した「歩く権利」を単に具現化したもので終わることなく、イギリス人にとってはひとつの「田園のシンボル」、郷愁を誘い、心の琴線に触れる存在ともなっていると見てよい。多くの詩文に登場し、風景画やイラストにも頻繁に描かれてきたのが何よりの証拠である。

　B. ポッターの『こぶたのロビンソンのおはなし』でも、放牧場とその仕切りの生垣、およびそれを横断してどこまでもつづくフットパスとスタイルの関係についての説明がなされている。

> The footpath from Piggery Porcombe crosses many fields.... And whatever the footpath crosses over from one field to another field, there is sure to be a stile in the hedge.
> 　　　　　　　―― Beatrix Potter: *The Tale of Little Pig Robinson*

（フットパスはピゲリー・ポークーム農場からいくつもの放牧場の中を通って伸びています。(中略)そして、フットパスが放牧場から放牧場へとつづいている時には、仕切りの生垣に必ずスタイルがあるのです。）

　C.G. ロセッティの子供向けの詩集『うた』の中にも、A. ヒューズ(Arthur Hughes)のイラストと共にうたわれている。散策に疲れた足を一休みさせようと、クローバーの咲く牧草地の囲いにあるスタイルで、母子ふたりがプラム入りのバンを食べている場面である。

> Three plum buns
> 　To eat here at the stile
> In the clover meadow,
> 　For we have walked a mile.
> 　　　　　　　―― Christina G. Rossetti: *Sing-Song*

（プラム入りのバンが三つ
　このスタイルのところで食べましょう
あたりは一面クローバーの牧草地
　もう一マイルも歩いたのですから。）

W. シェイクスピアの『冬物語』には、オータリカス(Autolycus) が愚鈍な田舎の若者から財布をすり取ると、歌をうたいながら退場する場面があるが、その歌の文句にも入っている。

> Jog on, jog on, the foot-path way,
>   And merrily hent the stile-a:
> A merry heart goes all the day,
>   Your sad tires in a mile-a.
>   —— William Shakespeare: *The Winter's Tale*, IV. iii. 132 – 5

(てくてく、てくてく、細道歩み、
　陽気な気分でスタイル渡れ。
　心が軽けりゃ、一日行けるが、
　重い心じゃ、半里と持たぬ。)

gap stile; squeeze stile (ギャップ・スタイル; スクウィーズ・スタイル)

石垣にアルファベットのV字形に隙間(gap; squeeze gap)が縦に切り抜いてある。人間は体を横にすると通り抜けられるが、羊や牛の体形では無理である。石垣の頂部から下まで切ってあることもあるが、通例は石垣の上半分ぐらいでとどめてあって、一旦その下に備えてある石のステップに足をかけ、それから隙間を通過するようになっている。'squeeze'は「無理に通り抜ける」の意味である。V字形の隙間の上端部の幅は30センチメートル、下端部のそれは15センチメートルくらいが通例。

ヴァリエーションのひとつに、後述した「牛止め格子」(cattle grid*)をこの隙間に組み入れたタイプもある。イングランド西南部のスィリー諸島(the Isles of Scilly)も含めてコーンウォール州に伝統的なこしらえで、'rung stile'と呼ばれる。これは、石垣にV字形ではなく左右両端が垂直になるように隙間を設け、その底辺部に横木(rung)を約15センチメートル間隔で格子状に4～5本並べたものである。牛や羊のひづめのサイズでは踏み渡ることはできない仕掛けになっているのである。

190. gap stile（ギャップ・スタイル）。
ノース・ヨークシャー州のマラム（Malham）

　例えば、'go through a gap [squeeze] in the wall' といえば、「石垣に設けられたこの隙間を通り抜ける」ことを意味する。

　B．ポッターの『こぶたのロビンソンのおはなし』の中には2種類のスタイル、上述の 'wooden stile' と後述する 'ladder stile' がイラストつきで描かれ、ギャップ・スタイルは登場しないが、この 'squeeze' が動詞として使われている。主人公のおばたち2匹がスタイルと自分たちの体形について対話している場面である。

　　"It is not me that is too stout; it is the stiles that are too thin," said Aunt Dorcas to Aunt Porcas. "Could you manage to squeeze through them if I stayed at home?"
　　"I could *not*. Not for two years I could *not*," replied Aunt Porcas.
　　　　── Beatrix Potter: *The Tale of Little Pig Robinson*

（「わたしが太りすぎてるのじゃないわ、スタイルが細すぎるのよ。わたしがいっしょにいかなくても、あなたひとりでスタイルを通り抜けられる？」と、ドーカスおばさんはポーカスおばさんへいいました。
「むりよ。この2年ほどはむりよ。」と、ポーカスおばさんがこたえました。

Supplement — Stiled Bridge

ladder stile; laddered stile (はしご型 [式] スタイル)

石垣やフェンスなどにその両側から向き合うように「はしご」が立てかけてある。上り下りの時につかまることできるように、片側もしくは両側の先端部は長く突き出したこしらえになっているのが通例。「足を載せる部分」が単なるはしごのそれとは違って、階段の場合のように比較的幅のあるつくりになっているタイプは「踏み板式はしご型スタイル」(step-ladder stile)、細い横木を打ちつけた簡便なこしらえの方は「横木式はしご型スタイル」(rung-ladder stile) と呼ぶ。どちらかといえば、後者は身のこなしの軽い人向きである。

例えば、'a four stepped wooden ladder stile' あるいは 'a wooden laddered four step stile' といえば、「4段の木製はしご型スタイル」を意味することになる。

B. ポッターの『こぶたのロビンソンのおはなし』にこのスタイルがイラスト入りで登場する。ロビンソンがバスケットに卵を詰めて市場へ向かう途中、いろいろなスタイルを渡るのである。

> Robinson trotted on until he was out of breath and very hot. He had crossed five big fields, and ever so many stiles; stiles with steps; ladder stiles; stiles of wooden posts; some of them were very awkward with a heavy basket.
>
> —— Beatrix Potter: *The Tale of Little Pig Robinson*

191. ladder stile (はしご式スタイル)。
ノース・ヨークシャー州のウィールデイル・ムーア (Wheeldale Moor)

(ロビンソンは急ぎ足で歩きつづけたので、とうとう息が切れて体が熱くなってしまいました。彼は5つの大きな放牧場を通り抜け、スタイルをいくつもいくつも越えました。踏み段つきのスタイルやら、はしご式スタイルやら、木の柱で組んだスタイルやらです。中には、重たいバスケットを持っていてはとても渡りにくいものもありました。)

kissing gate（キスィング・ゲート）

1枚の扉とその扉をくわえ込むこしらえのものとで一対になる。先ず扉を前方へ押しやってスペースをつくる。一旦そこに体を入れておいて、次に扉を元へ戻してから通り抜ける。羊や牛にはこの手順は踏めないし、第一人間のように直立歩行しなければ通過は無理。

扉をくわえ込むこしらえの方は、アルファベットのU字形とV字形の2種類ある。後者は「角形キスィング・ゲート」(angled kissing gate) と呼ばれる。どちらのタイプも扉は手を放せば自然にどちらか一方の側へ戻る仕掛けになっている。ここがしばしば(田舎の)恋人同士が夜の別れをいう場所になって、その際に彼らがキスをしたことが名称の由来ともいうし、デート中にふたりがここを通り抜けようとする時には、ついつい身を寄せ合うのでキスをする仕儀になるからというのも一説。B. サム (Brown Sam) による叙情歌 (Lyric for Kissing Gate) は

192. U字型の kissing gate (キッスィング・ゲート)。ケンブリッジ

193. V字型のキッスィング・ゲート。スコットランドのアイオゥナ島 (Iona)

Supplement ― Stiled Bridge

そういった通説を裏づけるような内容で、「あのキスィング・ゲートで会いましょう / あなただってあそこがお気に入り / あのひとけのない場所で落合いましょう ‥‥」(Meet me at the kissing gate / I know that's where you want to be / meet me at that lonely place....) と歌われている。☞ kissing bridge

cattle grid（牛止め格子）

アメリカ英語では 'cattle guard' という。牛や羊などがそこから先へ進むのを防止するための仕掛け。放牧場の囲いの切れ目に溝を浅く掘って、その上に鋼鉄製(steel*)の棒を「すのこ」状(grid)に組む。棒と棒の隙間は12センチメートル余りにもなるので、牛や羊のひずめのサイズではその上を歩けないわけである。すのこ状、つまり格子に組む棒の形には丸形と角形の2種類ある。

広大な放牧場の中を公道が通っている場合、車の出入りが自由になるばかりではなく、フィールド・ゲート(field gate)のように扉を開閉する手間が省け、同時に家畜の逃げ出すことを防ぐこともできる。車を運転する者に注意を促すために、'Cattle grid'（前方に牛止め格子あり）という道標柱(signpost)が出ていることもある。

194. cattle grid（牛止め格子）。デヴォン州のダートムーア(Dartmoor)へ向かう途上

The History of Bridging
「橋づくり」の起源とその流れ

　'bridge' の語源は説が一通りならずある。'ridge'（山の背；尾根）の意味の古英語（アングロサクソン語）である 'rige' あるいは 'hricg' に由来するもので、'bridge' を動詞に使うと 'be-ridge' つまり、「凹所に高い構造物を建てる」の意味であったというのが一説。一方、ラテン語で「橋」を意味する 'pons' は 'pono' に由来するとされるが、その 'pono' は「下に置く」を意味する動詞で、水流に大きめの自然石を飛び石（stepping stones*）として敷き並べて橋の代用にした時代の人間の知恵に語源があるわけである。また、日本語の「橋」は古くは「間」と書いたが、端（部）と端（部）の間に介在して両者をつなぐものの意味とされる。

　ちなみに、「橋づくり」は 'bridge building'、'bridge-construction'、あるいは 'bridge' を動詞に用いて 'bridging' という。例えば、'bridge-building technique'（橋づくりの技術）、'In the Middle Ages bridge building was something of a holy activity.'（中世では橋の建設はある意味では神聖な行為でもあった）、'The nineteeth century was a great age in bridge building.'（19世紀は橋づくりの偉大な時代であった）、'bridging experience'（架橋の経験）、'The truss was not applied in bridging for several centuries.'（トラスは数世紀にわたって橋づくりに用いられてこなかった）、などと用いる。

　人間が最初にこの地上に「構築」したものは「橋」なのではないかと考えられている。人間は土地に定着して暮らし始める以前に、太陽と食物とを求めて放浪することを習性としていたとすると、住みかとしての家が建てられる前に川を渡る橋の方が先であったろうと思われるからである。最初は大風や暴風などによる倒木や流木がたまたま水流を跨ぐ形になっていたであろうが、それをヒントにやがて石斧で木を切り倒して架け渡すようになったであろうし、さらには、その丸木を1本ならず2本平行にして、そこに横木を並べて歩き幅も広くしたであろうことは、たやすく推測がつく。これが「木造の桁橋」（timber beam bridge*）の元になったと考えてよい。

一方では、水流あるいは狭い谷の両岸に生える木に絡んだ植物のつたが、偶然にもその間に張り渡っていれば、それを利用して往き来もできたであろうから、それを吊橋(suspension bridge*)の原形とみなすのは容易なことである。また、橋とまでは呼べないが、浅瀬(ford)に顔を出している大きな石をヒントにして、自然石を点々と設置して、その飛び石伝いに渡ることもあった。それがさらに進むと、巨大な板石を1枚だけ架け渡した「板石橋」(clam bridge*)とか、自然石を川底から積み上げて橋脚(pier*)とし、その上に幾枚かの板石を載せた「継ぎ石橋」(clapper bridge*)ということになるわけで、いずれも先史時代のものが残存している。

　やがて、人間が定住し、農耕や商取引を覚え、果ては戦争まで引き起こすようになると、従来のように、その時に1度だけ役立てば済むという橋ではなく恒久的なものが必要になり、そこから架橋技術が発達してきたとされている。しかし、橋の構造というものは、過去の時代から現代に至るまで、基本的には変わっていないのであって、上の「桁橋」と「吊橋」に以下に述べる「アーチ橋」(arched bridge*)を加えて、三種類に大別することができる。古代ギリシャ人は数多くの島に囲まれた都市国家(city-states)に暮らしていたため、「橋」にはあまり頼らず、専ら「舟」に依存せざるを得なかったが、古代ローマ人(753 BC～AD 476)はむしろ道路(Roman road*)、橋、水道橋(aqueduct*)など大きな建造物を必要としたと見られている。また、ギリシャ人はアーチ(arch*)よりは石の柱とリンテル(lintel：楣：開口部の上部に水平に渡す梁)を用いたこしらえ、つまり、垂直と水平方向による構成を好んだが、反してローマ人はアーチを多く使用した。どういうことかといえば、ギリシャにもさまざまな建造物はあったが、例外はあるものの、そのほとんどが神殿の建築原理に合致しているのである。つまり、その神殿は元来が木造であって、軽くて長い建材を用いることが比較的容易であったので、水平のリンテルに垂直の柱と壁で対処できたが、後にその構造を石造りにも応用したわけである。一方ローマ人は、石材は重い上に長い建材は入手が困難であることから、短い石材をアーチ形に接続させることによって、その重さと長さの問題を処理したのである。くさび形に切った石を半円形に連結させて、ひとつひとつの石の重さをその両隣りの石を通じて全体として斜め方向へ向かわせ、最後に迫台(abutment*)でそれを受け止めることになる。しかも、その半円の直

径を長くすることも可能なのである。

但し、このアーチはローマ人の発見ではなく、ユーフラテス川流域(the Euphrates Valley)にあったバビロニア(Babylonia)の原住民であるシュメール人(the Sumerians)によるとされる。ローマ人はこのアーチの技術を、小アジアからイタリアの中西部へ移住したエトルリア人(Etruscans; Etrurians)を通じて受け継ぎ、それをさらに応用発展させたといえる。いずれにせよ、石を連結させてアーチをつくるこの技術は、橋はもちろん建築技術の発達の上で極めて偉大な発明のひとつということになる。

ローマ人は最初は木造の橋を架けていたが、より恒久的な橋を求めて、自然石やレンガ、さらにはコンクリートを使用するようになった。そのコンクリートというのは、火山粘土・生石灰・砂・砂利から成るが、今日のものと比べても見劣りはしないといわれている。しかし、そのローマ帝国の滅亡後には、中世の暗黒時代(the Dark Ages: 476～1000)を通して、ローマ人がそれまで培ってきた架橋技術は忘れ去られてしまった。つまり、滅亡後600年間は石の架橋はほとんどなされなかったのである。その後12世紀に入ってアーチ橋がヨーロッパ各地で造られるようになったが、その技術はローマ時代のレベルには及ばないものであった。特に、橋脚を設置する基礎工事に不備な点が多く、橋脚自体も太過ぎて、結果として川の流れをせき止めるといっても過言ではない状態(☞ housed bridge)であった。

もっとも、中世(500-1500)の橋はこれまでにない長所も備えていたわけで、それは以下の通りである。

(1) 橋脚のくさび形の端部は水流を弱めるためのもので水よけ(cutwater)と呼ばれるが、それを欄干(parapet*)の高さまで伸ばして立ち上げ、バルコニーのよう(road recess)にしたこと。通行人がそこに身を置くことで、馬車や荷車にぶつかる危険を回避することができるという利点がある。 ☞ Warkworth Bridge

(2) リブ・アーチ(rib arch; ribbed arch*)を用いたことで、従来の方法でアーチ橋を造る場合に比べ、完成までの時間と建材の節約になるのみならず、橋全体の重量を減らし、橋脚にかかる重量をも減らすことで、工

Supplement — The History of Bridging

195. 14世紀の典型的な中世の橋。ウェールズのランガラン (Llangollen)を流れるディー川(the Dee)に架かる

196. 水よけが欄干の高さまで伸びてバルコニーのよう(road recess)になっている。ケンブリッジシャー州のセント・アイヴズ橋(St. Ives Bridge)

197. 欄干まで届かない橋脚の水よけ。イタリア

198. Roman Bridge(古代ローマ人の架けた橋)。ウィルトシャー州のカースル・クーム村(Castle Combe Village)を流れるバイブルック川(the Bybrook)に架かる

Supplement — The History of Bridging

事中の事故も減ずることを可能にした。つまり、従来のように幅の広いアーチ形の橋床を岸から岸へ1度に渡すのではなく、リブと呼ばれる幅の狭い石造りのアーチの帯を何本か間隔を置いて架け渡し、後でその隙間を板状の石で埋めてつなぐことによって、全体でひとつの幅の広いアーチ形の橋床をつくるのである。☞ arched bridge

時代が進んでルネサンス期(the Renaissance：約1400～約1600)になると、橋造りは新たな特徴を備えるようになった。次のような点である。

(1) 古代ローマ人の用いた完全半円形のアーチ(semicircular arch*)よりももっと扁平なアーチが考案され、橋台(abutment*)と橋台の間の距離(スパン：span*)をさらに大に、線の流れをさらに美しく見せることが可能になった。☞ arched bridge

(2) トラス(truss*)と呼ばれる三角形の骨組み構造は強度が大であるが、それを橋造りに応用発展させた。つまり、アーチを架け渡す時は、最初に木造の仮の枠組み(centering)でアーチ型を造り、その上に石をひとつずつ置き並べていき、最後にその枠組みを取り外すわけだが、トラスを応用することによって堅固な枠組みをこしらえることが可能になったの

199. Old Blackfriars Bridge(旧ブラックフライアーズ橋)のアーチをつくる木造の仮枠組み。

である。
(3) 中世では架橋に携わったのは修道士(☞ chapel bridge)や石工であったが、この時代にはそれを専門の職業とする技術者が登場してきた。
☞ bridge-building fraternity; the Brotherhood of Bridge-builders

　ここで、イギリスにおける橋の素材について概観する。橋は5世紀〜6世紀頃のサクソン時代(Saxon times)には既に重要視され、その修理事業は地主の三大義務のひとつに数えられていたほどであるが、田園地帯の川ではせいぜい厚板橋(plank bridge*)程度のものが架けられるか、あるいは浅瀬を橋なしで渡るかのいずれかであったに過ぎない。12世紀および13世紀に入っても、石造りの橋(stone bridge)は未だに少なく貴重なものであった。いわゆる「魚卵状石灰岩ベルト」(oolitic limestone belt)に沿った、建築石材の入手しやすい土地に集中していた。そのほかの地方では必然的に木造の橋にならざるを得なかったのである。そうして、14世紀の中葉から16世紀にかけて、ようやく石の橋が多く登場するようになるわけである。

　さらに時を経て産業革命の時代(1750−1850)になると、改良された蒸気機関

200. コンクリート製の橋。スコットランド

Supplement ― The History of Bridging

を導入した汽車が登場することで、橋も大きく変わらざるを得なくなった。つまり、汽車という今まででは考えられない重量を持つ乗り物、およびそれが引き起こすスピードによる振動に耐えられる鉄道橋(railway bridge*)が不可欠となった。しかも、長距離の谷に架けなければならず、橋の長さも十分に考慮に入れる必要が生じた。そういう長大橋は木造では弱過ぎるし、かといって石造りにすると時間がかかる。そこで、鉄製の橋(☞ Iron Bridge)の時代が到来することになるのだが、それも鋳鉄(cast iron*)から錬鉄(wrought iron*)へ、さらに鋼鉄(steel*)へと移っていった。特に19世紀後半から20世紀前半にかけてのことである。そうして20世紀後半は、コンクリート、鉄筋コンクリート(reinforced concrete)、プレストレスト・コンクリート(prestressed concrete)が用いられるようになって、アーチに代わって桁橋の構造が復活を見たといえる。

　ちなみに、コンクリートは圧縮力には強いが引張り力には弱いという性質がある。しかし、引張り力に強い鉄材と組合せて鉄筋コンクリートにすると、その弱点を補強できるのである。また、同じく鉄材と組合せながらも、コンクリートの持つ圧縮力の強さを鉄筋コンクリート以上にさらに有効に生かすことができるのが、プレストレスト・コンクリートなのである。

付 録
- 本文に引用した著者と作品の一覧
  A List of Authors Quoted in the Encyclopaedia
- 参考書目
  Select Bibliography
- 索引
  Index

本文に引用した著者と作品の一覧
(A List of Authors Quoted in the Encyclopaedia)
※ 作品末尾の( )内の数字は、それが引用されているページを示す。

(1) A.A. Milne
   The House at Pooh Corner （111）

(2) Agatha Christie
   Evil Under the Sun （118, 193, 194）

(3) Alan Sillitoe
   Men, Women and Children
    'Mimic' （91）
   The Ragman's Daughter
    'The Firebug' （167）

(4) Alan Stapleton
   London Lanes （53）

(5) Beatrix Potter
   The Tale of Little Pig Robinson （224, 226, 227）

(6) Charles Dickens
   Great Expectations （53）
   The Pickwick Papers （59, 134）

(7) Christina Gascoign
   Castles of Britain （194）

(8) Christina G. Rossetti
   Sing-Song （224）

(9) Christopher Milne
   The Enchanted Places （112, 117）

(10) D.H. Lawrence
   England, My England
    'Tickets, Please' （148）
    'The Horse Dealer's Daughter' （191）

(11) Edna O' Brien
   An Outing and Other Stories
   　'An Outing' (87)

(12) Edward Hyams
   The English Heritage
   　'Introduction' (47)

(13) Edwin Goadby
   The England of Shakespeare (120)

(14) Elizabeth Gaskell
   Cranford (189)

(15) Ernest C. Pulbrook
   The English Countryside
   　'Fords and Crossing-places' (14)
   　'Ancient Bridges' (24, 39, 43, 73)

(16) Francis King
   Penguin Modern Stories
   　'To the Camp and Back' (168)

(17) Gavin Bantock
   Dear Land of Islands:My Unforgettable Britain
   　'Of Islands' (109)
   　'This Sceptered Isle' (28)

(18) George Orwell
   A Clergyman's Daughter (106)

(19) Graham Greene
   Twenty-One Stories
   　'The Innocent' (90)
   　'The Hint of an Explanation' (109)

(20) Harold Kelly
   London Cameos
   　'In the Doldrums' (204)
   　'Officers All' (162)

(21) Herbert Read
   The Innocent Eye
      'The Cow Pasture' (171)

(22) H.V. Morton
   The Heart of London
      'Boys on the Bridge' (63)
      'Fish' (163)
   The Nights of London
      'Under Waterloo Bridge' (208)
      'The Thames: Two a.m.' (204)
   The Spell of London
      'Our Bridge of Sighs' (133)
      'The Mild Giants' (203)
   In Search of Scotland (151)
   In Scotland Again (164)

(23) James J. Hissey
   Through Ten English Counties (32, 164)

(24) Jerome K. Jerome
   Three Men in a Boat (105)

(25) John Rodgers
   English Rivers
      'England and Her Rivers' (30)
      'Rivers of the South Coast' (127)
      'The Wye and the Usk' (177)
      'Rivers of the East Coast, from Thames to Wash' (36)

(26) John Seymore
   England Revisited
      'The Welsh Marches' (96)

(27) J.R.R. Tolkien
   The Lord of the Rings
      'The Two Towers' (172)

(28) Ken Follett
   The Pillars of the Earth (24, 83, 118)

(29) Kenneth Grahame
　　　The Wind in the Willows　(172)

(30) Leslie P. Hartley
　　　The Traveling Grave and Other Stories
　　　'Killing Bottle'　(171)

(31) Lewis Carroll
　　　Through the Looking Glass　(144)

(32) Mary Lavin
　　　The Stories of Mary Lavin
　　　'The Will'　(167)

(33) Mother Goose
　　　'As I Was Going to St. Ives'　(38)
　　　'London Bridge Is Broken Down'　(56)

(34) Oscar Wilde
　　　The Happy Prince　(86)

(35) Philippa Pearce
　　　The Shadow-Cage and Other Tales of the Supernatural
　　　'The Shadow-Cage'　(169)

(36) R.D. Blackmore
　　　Lorna Doone　(18, 190)

(37) Robert Burns
　　　'Tam o' Shanter'　(93)

(38) Robert L. Stevenson
　　　Edinburgh
　　　'The New Town'　(183)

(39) The English Scene (A.& C. Black,Ltd.) (42, 177)

(40) Thomas Hardy
　　　The Hand of Ethelberta　(169)

(41) Thomas Hood
　　　'The Bridge of Sighs'　(130)

(42) Thomas Hughes
　　　 Tom Brown's Schooldays　(115)

(43) Walter Macken
　　　 The Flight of the Doves　(88)

(44) Walter Scott
　　　 Ivanhoe　(166)

(45) William Shakespeare
　　　 King Lear　(121)
　　　 The Winter's Tale　(225)

(46) William T. McGonagall
　　　　'The Railway Bridge of the Silvery Tay'　(101)
　　　　'The Tay Bridge Disaster'　(101)
　　　　'An Address to the New Tay Bridge'　(101)

(47) William Wordsworth
　　　　'Lucy Gray, or Solitude'　(115)
　　　　'The Stepping-stones'　(23)
　　　　'To the Torrent at the Devil's Bridge'　(27)
　　　　'Composed upon Westminster Bridge, September 3, 1802'
　　　　(218)

(48) W.T. Palmer
　　　 The English Lakes　(107)

参考書目 (Select Bibliography)

1. 洋書

Barber, Chips. *Dartmoor in Colour.* Exeter: Obelisk, 1988.

Bellamy, David & Quayle, Brendan. *England's Last Wilderness:A Journey Through the North Pennines.* London: Boxtree, 1922.

Bettey, J.H. *Estates and the English Countryside.* London: B.T. Batsford, 1993.

Bottomley, Frank. *The Castle Explorer's Guide.* London: Kayl & Ward, 1979.

Bourne, G. *Change in the Village.* G.Duckworth, 1912.

Braun, Hugh. *A Short History of English Architecture.* London: Faber & Faber, 1978.

Brookes, John. *A Place in the Country.* London: Thames & Hudson, 1984.

Burke, John. *An Illustrated History of England.* London: Collins, 1980.

Canning, John, ed. *The Illustrated Mayhew's London.* London: Weidenfeld & Nicolson, 1986.

Chamberlain, J.A. *Maud Heath's Causeway.* Wiltshire: Chippenham Borough Council, 1974.

Clarke, Philip. & Jackman, Brian. & Mercer, Derrik, ed. *The Sunday Times Book of the Countryside.* Twickenham: Hamlyn, 1980.

Clout, Hugh, ed. *The Times London History Atlas.* London: Times Books, 1991.

Crowder, Freda & Greene, Dorothy. *Rotherham, Its History, Church and Chapel on the Bridge.* Yorkshire: S.R. Publishers, 1971.

Dixon, R. & Muthesius, S. *Victorian Architecture.* London: Thames & Hudson, 1978.

Elder, S., comp. *The Countryside Companion.* London: Michael O' Mara Books, 1989.

Ellis, Hamilton. *British Railway History.* London: George Allen & Unwin, 1959.

Eyler, E.C. *Early English Gardens and Garden Books.* Folger Books, 1963.

Fitzgerald, P. *Victoria's London.* The Leadenhall Press, 1893.

FitzGerald, Roger. *Buildings of Britain.* London: Bloomsbury, 1995.

Fleming, John & Honour, Hugh & Pevsner, Nikolaus. *The Penguin Dictionary of Architecture.* London: Penguin Books, 1966.
Freeman, M. & Aldcroft, D. *The Atlas of British Railway History.* Dover: Groom Helm, 1985.
Gascoigne, Christina. *Castles of Britain.* London: Thames & Hudson, 1975.
Girouard, Mark. *The English Town: A History of Urban Life.* London: Yale UP, 1990.
Goadby, Edwin. *The England of Shakespeare.* London: Cassell, 1957.
Hartley, M. & Ingilby, J. *Life in the Moorlands of North-East Yorkshire.* London: J.M. Dent, 1975.
Hindle, Brian P. *Roads, Tracks and their Interpretation.* London: B.T. Batsford, 1993.
Hoar, Frank. *An Introduction to English Architecture.* London: Evans Brothers, 1963.
Hoskins, W.G. *The Making of the English Landscape.* Penguin Books, 1955.
Howitt, W. *The Rural Life of England.* Shannon: Irish UP, 1971.
Hyams, Edward. *The English Heritage.* London: B.T. Batsford, 1963.
Jackson, Peter. *Walks in Old London.* London: Collins & Brown, 1993.
Johnson, Paul. *Castle of England, Scotland and Wales.* London: Weidenfeld & Nicolson, 1989.
Jones, Edward & Woodward, Christopher. *A Guide to the Architecture of London.* London:Phoenix Illustrated, 1983.
MacEwen, Ann & Malcolm. *Greenprints for the Countryside?:The Story of Britain's National Parks.* London: Allen & Unwin, 1987.
Mackenzie, D.M. & Westwood, L.J. *Background to Britain.* London: Macmillan, 1974.
Maré, Eric de. *The Bridges of Britain.* London: B.T. Batsford, 1954.
Marwick, Arthur, ed. *Britain Discovered: A pictorial atlas of our land and heritage.* London: Mitchell Beazley, 1982.
Mee, Arthur, ed. *I See All:The Pictorial Dictionary.* 5 vols. London:The Educational Book.
Mercer, F.A.,ed. *Gardens and Gardening.* London: The Studio, 1937.

Mitchell,R.J. & Leys, M.D.R. *A History of London Life.* London: Longmans Green,1958.

Muir, Richard. *The Countryside Encyclopaedia.* London: Macmillan,1988.

Nellist, John B. *British Architecture and Its Background.* London: Macmillan,1967.

Opie, Iona & Opie, Peter. *The Lore and Language of Schoolchildren.* Oxford: Oxford UP,1959.

Polhill, Colonel. *Pukka Guide to Bradford on Avon.* Bradford on Avon: Polhill Promotions, 1996.

Pulbrook, Ernest C. *The English Countryside.* London: B.T. Batsford,1915.

Quennell, C.H.B. & Marjorie. *A History of Everyday Things in England.* 4 vols. London: B.T. Batsford,1931.

Quennell, Peter, ed. *Mayhew's London.* London: Bracken Books,1984.

Rackham, Oliver. *The History of the Countryside.* London: Phoenix,1997.

Rodgers, John. *English Rivers.* London: B.T. Batsford,1947.

Rollinson, William. *Life and Tradition in the Lake District.* London: J.M. Dent,1974.

Room, Adrian. *Dictionary of Britain.* Oxford: Oxford UP,1986.

Rose, Graham. *The Traditional Garden Book.* London: Dorling Kindersley,1989.

Rowlands, M.L.J. *Monnow Bridge and Gate.* Stroud: Alan Sutton,1994.

Seymour, John. *England Revisited.* London: Dorling Kindersley,1988.

Sheehy, T. & Habgood, N. *Ireland in Colour.* London: B.T. Batsford,1975.

Snell, F.J., *The Blackmore Country.* London: Adam & Charles Black,1906.

Stapleton, Alan. *London Lanes.* London: John Lane the Bodley Head,1930.

Swann, W. *Art & Architecture of the Late Middle Ages.* Hertfordshire: Omega Books,1982.

Thacker, Christopher. *The History of Gardens.* Berkeley & Los Angels: California UP,1979.

The Times,ed. *The English Scene.* London: A.& C. Black,1930.

Timpson, John. *Timpson's England: a look beyond the obvious.* Norwich: Jarrold Colour,1987.

Tregidgo, P.S. *A Background to English*. London: Longman,1970.
Tresilian, Liz. *Discovering Castle Combe*. Buckinghamshire: Shire,1994.
Trevelyan, G.M. *English Social History:A Survey of Six Centuries, Chaucer to Queen Victoria*. London: Longmans,1944.
---. *English Social History:New Illustrated Edition*. New York,1978.
Vale, Edmund. *Curiosities of Town and Countryside*. London: B.T. Batsford,1940.
Wainwright, A. & Brabbs, D. *Wainwright in Scotland*. London: Michael Joseph,1988.
Watkin, D. *English Architecture*. London: Thames and Hudson,1979.
Weinreb, Ben & Hibbert, Christopher,ed. *The London Encyclopaedia*. London: Macmillan,1983.
Whittow, John. *The Penguin Dictionary of Physical Geography*. London: Penguin Books,1984.
Winstanley, M.J. *The English Landscape*. Manchester: Oxford UP,1983.
Winter, Gordon. *The Country Life Picture Book of Britain*. London: Country Life Books,1978.
Woodell, S.R.J. *The English Landscape*. Oxford: Oxford UP,1985.
Yarwood, Doreen. *Encyclopaedia of Architecture*. London: B.T. Batsford,1985.
---. *The Architecture of Europe*. London: Spring Books,1987.

2. 和書
大野真弓 『イギリス史』 山川出版 1965。
小山田了三 『橋』（ものと人間の文化史 66）法政大学出版局 1991。
定松正・虎岩正純・蛭川久康・松村賢一 編 『イギリス文学地名事典』 研究社 1992。
佐伯彰一 編 『図解 橋梁用語事典』 山海堂 1986。
澤柳大五郎 『ギリシャの美術』 岩波新書 1970。
芹沢栄 『イギリスの表情』 開拓社 1972。
出口保夫 『ロンドン橋物語――聖なる橋の二千年』 東書選書 1992。
中川芳太郎 『英文學風物誌』 研究社 1977。
中根史郎 『橋・石組』（庭のデザイン⑤）学習研究社 2002。

成瀬輝男　『ヨーロッパ橋ものがたり』東京堂　1999。
平林章仁　『橋と遊びの文化史』白水社　1994。
藤原　稔・久保田宗孝・菅谷　洸・寺田博昌　『橋の世界』（ニューコンストラクションシリーズ　第8巻）山海堂　1994。
古谷信明　『橋をとおして見たアメリカとイギリス —— 長大橋物語 —— 』建設図書　1998。
三浦基弘・岡本義喬　『橋の文化誌』雄山閣　1998。
山本　宏　『橋の歴史 —— 紀元1300年ごろまで』森北出版　1991。
アン＆スコット・マグレガー（西岡　隆　訳）『橋』（つくりながら学ぶやさしい工学②）草思社　1981。
M. バウラ（日本語版監修：村川堅太郎）『古代ギリシャ』（ライフ人間世界史 1）タイム ライフ ブックス　1966。
クリストファー・ヒバート（横山徳爾訳）『ロンドン —— ある都市の伝記』北星堂書店　1988。
『旅の世界史』（2. 川と橋の歴史紀行）朝日新聞社　1991。
David J. Brown（加藤久人・綿引　透　共訳）『世界の橋 —— 3000年にわたる自然への挑戦 —— 』丸善　2001。
ニコラス・ペヴスナー他（鈴木博之　監訳）『世界建築事典』鹿島出版会　1984。
ヒュー・ブラウン（小野悦子　訳）『英国建築物語』昌文社　1983。
ビル・ライズベロ（下村純一・村田　宏　共訳）『図説西洋建築物語』グラフ社　1982。
ベルト・ハインリッヒ　編著（宮本　裕・小林英信　共訳）『橋の文化史 —— 桁からアーチへ』鹿島出版会　1991。
Watson, Wilbur J. & Watson, Sara R.（川田忠樹　監修・川田貞子　訳）『歴史と伝説にみる橋』建設図書　1986。

3. ガイドブック類

Audley End. (by Chamberlin, Russell and Gray, Richard)　London: English Heritage,1986.
Bridge House, Ambleside. The National Trust.
Cambridge:The City and the Colleges. London: Pitkin Pictorials,1974.
Castle Combe:The Prettiest Village in England. Chippenham: Cameo

Print, 1996.
A Guide to Bradford on Avon. Tourist Information Centre.
Illustrated Walks and Drives in the North York Moors. Oxford: Curtis Garratt, 1992.
A Jarrold Guide to the University City of Cambridge. Norwich: Jarrold, 1992.
The Lake District:Land of mountain, mere and fell. Kent: J. Salmon.
The North York Moors. York: North York Moors National Park, 1981.
Skipton:Gateway to the Dales. Tourist Information Centre.
Stourhead Garden. London: The National Trust, 1985.

4. 案内図典類
Book of British Villages. London: Drive, 1980.
Book of Country Walks. London: Drive, 1979.
Book of the British Countryside. London: Drive, 1973.
Hand-Picked Tours in Britain. London: Drive, 1977.
Illustrated Guide to Britain. London: Drive, 1977.
Illustrated Guide to Country Towns and Villages of Britain. London: Drive, 1985.
Treasures of Britain. London: Drive, 1968.

5. 写真やイラストを掲載している辞事典類
The American Heritage Dictionary of the English Language. American Heritage, 1973.
Dictionary of Britain. Oxford UP, 1976.
Dictionary of Ornament. (by Lewis, Philippa & Darley, Gillian) Pantheon Books, 1986.
The English Duden:A Pictorial Dictionary. Bibliographisches Institute, 1960.
A Glossary of Architecture. (by John Henry Parker. 2 vols.) Charles Tilt. 1840.
The Golden Book Illustrated Dictionary. 6vols. Golden Press, 1961.
Illustrated Dictionary of Historic Architecture. (ed. Cyril M. Harris)

Dover,1977.
Longman Dictionary of Contemporary English. Longman,1978.
Longman Dictionary of English Language and Culture. Longman,1992.
Longman Lexicon of Contemporary English. Longman,1981.
Longman New Universal Dictionary. Longan,1982.
The New Oxford Illustrated Dictionary. Oxford UP,1978.
Oxford Children's Picture Dictionary. Oxford UP,1981.
Oxford Elementary Learner's Dictionary of English. Oxford UP,1981.
Oxford English Picture Dictionary. Oxford UP,1977.
Oxford Illustrated Dictionary. Oxford UP,1962.
Oxford Picture Dictionary of American English. Oxford UP,1978.
Pictorial English Word-book. Oxford UP,1967.
The Pocket Dictionary of Art Terms. John Murray,1980.
Room's Dictionary of Confusibles. Routledge & Kegan Paul,1979.
Room's Dictionary of Distinguishables. Routledge & Kegan,1981.
Visual Dictionary. Time-Life Educated Systems,1982.
What's What:A Visual Glossary of the Physical World. (ed. Bragonier, Reginald,Jr. & Fisher, David) Ballantine Books,1981.

索引 (Index)

【A】
Aberfeldy Bridge … 79
abutment → arch(ed) bridge
　→ plank bridge
　→ suspension bridge
Acworth, Joseph → Putney Bridge
Adam, Robert → Aberfeldy Bridge
　→ Audley End House Bridge
　→ Pulteney Bridge
Adam, William → Aberfeldy Bridge
Aegean Sea, the → pontoon bridge
Albert Bridge, the … 200
Allerford Packhorse Bridge … 44
Ambleside Hall → Old Bridge House
anchorage → cable-stayed bridge
　→ suspension bridge
Anglesey → Britannia Bridge
aqueduct → canal aqueduct
aqueduct bridge → canal aqueduct
arch → arch(ed) bridge
arch(ed) bridge … 81
arrow slit → Monnow Bridge
Arup, Ove → Millennium Bridge
Ashdown Forest → Pooh Sticks Bridge
Ashness Packhorse Bridge … 45
Audley End House Bridge … 124
Avon Gorge, the → Clifton Suspension Bridge
Ayrton, Maxwell → Twickenham Bridge

【B】
Backs, the → Bridge of Sighs
→ Mathematical Bridge
Baker, Benjamin → Forth Bridge
Baker, Herbert → Chiswick Bridge
barge → canal aqueduct
Barlow, P.W. → Lambeth Bridge
Barnard, John → Kew Bridge
Barnes Railway Bridge, the … 201
Barry, Charles → Westminster Bridge
bascule bridge … 160
basket arch → arch(ed) bridge
basket-handle arch → arch(ed) bridge
bateau bridge → pontoon bridge
Battersea Bridge, the … 202
Battle of Stirling, the → Stirling Bridge
Battle of Waterloo → Waterloo Bridge
Bazalgette, Joseph → Albert Bridge
　→ Battersea Bridge
　→ Hammersmith Bridge
　→ Putney Bridge
beam bridge → cable-stayed bridge
　→ clapper bridge
　→ plank bridge
　→ history of bridging
Bessemer, Henry → Iron Bridge
Bessemer process, the → Iron Bridge
Binnie, Alexander → Vauxhall Bridge
birthplace of railway → railway bridge
Blackfriars Bridge … 202
blade of light → Millennium Bridge

— 253 —

Blea Moor → Ribblehead Viaduct
boardwalk → causeway
Boat Race, the → Barnes Railway Bridge
　→ Chiswick Bridge
　→ Hammersmith Bridge
　→ Putney Bridge
Bonnie Prince Charlie → Glenfinnan Viaduct
Bouch, Thomas → Tay Bridge
box girder → Britannia Bridge
Bradford-on-Avon Bridge … 31
Brassey, Thomas → Barnes Railway Bridge
Brereton, C.A. → Kew Bridge
bridge and stile, a → stiled bridge
bridge chapel → Old London Bridge（第2章）
　→ Wakefield Bridge
Bridge House → Old Bridge House
bridge master → Housed Bridge
　→ Old London Bridge（第2章）
Bridge of Sighs, the … 127
　→ Waterloo Bridge
bridge toll → chapel bridge
　→ housed bridge
　→ toll bridge
bridge-building fraternity → chapel bridge
Bridges of Madison county, the … 124
bridleway → stiled bridge
Brig o' Doon … 92
Bristol Bridge … 65
Bristol Channel, the → suspension bridge
Britannia → Britannia Bridge

Britannia Bridge, the … 98
Britannia Rock → Britannia Bridge
Brontë Bridge → plank bridge
Brontë, Emily → Haworth Packhorse Bridge
　→ plank bridge
Brotherhood of Bridge-builders → chapel bridge
Brown, Capability → Audley End House Bridge
Brunel, Isambard Kingdom → Clifton Suspension Bridge
Buildwas Bridge … 97

【C】
cable → suspension bridge
cable-stayed bridge → Albert Bridge
　→ suspension bridge
caisson → Westminster Bridge
Cam, the → Bridge of Sighs
Cambridge University → Bridge of Sighs
　→ college bridge
Campbell, Colin → Palladian Bridge at Stourhead
canal aqueduct … 145
canal bridge … 147
Canal Era, the → canal bridge
canal mania → canal bridge
Canova, Antonio → Waterloo Bridge
cantilever beam → cantilever bridge
cantilever bridge … 148
　→ Albert Bridge
　→ plank bridge
cantilever girder → cantilever bridge
cantilever tower → Forth Bridge
car toll → toll bridge

Caro, Anthony → Millennium Bridge
Carr, H. → Blackfriars Bridge
cast iron → Iron Bridge
cattle grid … 229
cattle guard → cattle grid
causeway … 187
Causeway at Skipton … 195
causey … 187
centering → arch(ed) bridge
chain cable → Clifton Suspension Bridge
　　→ Conway Suspension Footbridge
　　→ Hungerford Bridge
　　→ Menai Suspension Bridge
　　→ suspension bridge
chantry bridge → chapel bridge
chantry chapel → Rotherham Bridge
　　→ Wakefield Bridge
chapel bridge … 25
Chapel of Our Lady, the → Rotherham Bridge
Chapel of St.Mary, the → Wakefield Bridge
Chapel of St.Thomas of Canterbury, the → Old London Bridge (第2章)
Charing Cross Railway Bridge → Hungerford Bridge
Chelsea (Suspension) Bridge … 205
Chester and Holyhead Railway, the → Britannia Bridge
Chirk Aqueduct, the … 146
Chirk Railway Viaduct, the → Chirk Aqueduct
Chiswick Bridge … 206

Christian Pope → chapel bridge
Clachan Bridge … 94
clam bridge → clapper bridge
　　→ plank bridge
clapper bridge … 13
Clare Bridge → Clare College Bridge
Clare College Bridge … 152
Clarke, William T. → Hammersmith Bridge
Clifton Bridge, the → Clifton Suspension Bridge
Clifton Suspension Bridge, the … 138
Coade Stone Lion → Westminster Bridge
Coalbrookdale Bridge → Iron Bridge
college bridge … 152
Collegium Pontifices → chapel bridge
common route → wooden stile & stone stile
Conway Bridge, the → Conway Suspension Footbridge
Conway Castle → Conway Suspension Footbridge
Conway Suspension Footbridge, the … 140
Cornish granite → bascule bridge
country house → estate bridge
country stile → wooden stile & stone stile
Couse Kenton → Richmond Bridge
covered bridge … 122
Craigellachie Bridge … 97
cromlech bridge → clapper bridge

Cromwell, Oliver → St.Ives Bridge
Cromwell, Thomas → housed bridge
crosswalk → footbridge
Cubitt, Joseph → Blackfriars Bridge
culvert → road bridge
cutwater → History of Bridging
cyclopean bridge → clapper bridge

【D】
Da Ponte, Antonio → Rialto Bridge
Darby, Abraham → Iron Bridge
Dardanelles, the → pontoon bridge
Dark Ages, the → arch(ed) bridge
　→ History of Bridging
Darlington → railway bridge
Darwin College Bridge → college bridge
Dean Bridge, the … 183
Devil → chapel bridge
Devil's Bridge → chapel bridge
Digswell, the → Welwyn Viaduct
Dinham Bridge … 85
Dissolution of Monasteries, the → Old London Bridge (第2章)
Doge's Palace → Bridge of Sighs
double-leaf bascule bridge → bascule bridge
drawbridge → housed bridge
　→ war bridge
Drawbridge Gate, the → housed bridge
Dryland, A. → Twickenham Bridge

【E】
Eilean Donan[Donnan] Castle Causeway … 194
Elbe Brücke → arch(ed) bridge

Ellesmere Canal, the → Chirk Aqueduct
elliptical arch → arch(ed) bridge
Elvet Bridge → arch(ed) bridge
　→ chapel bridge
Elysian Garden, the → Audley End House Bridge
enclosure → stiled bridge
English (landscape) garden → estate bridge
Errington, John → Richmond Railway Bridge
Essex, James → Mathematical Bridge
estate bridge … 156
Etheridge, William → Mathematical Bridge
Etrurian(s) → arch(ed) bridge
　→ History of Bridging
Etruscan(s) → arch(ed) bridge
　→ History of Bridging
Exmoor → Malmsmead Bridge
Eynsyam Bridge → toll bridge

【F】
Fairhurst, William A. → Tay Bridge
field-gate → stiled bridge
field stile → wooden stile & stone stile
Finley, James → Menai Suspension Bridge
　→ suspension bridge
Firth of Forth, the → Forth Bridge
　→ Tay Bridge
Firth of Tay, the → Tay Bridge
Fisher, John → housed bridge
fixed bridge → movable bridge

flyover → footbridge
footbridge → estate bridge
　　→ Mathematical Bridge
　　→ Millennium Bridge
　　→ plank bridge
footpath → stiled bridge
ford → History of Bridging
formal garden → estate bridge
Forth Bridge, the … 149
Forth Rail Bridge, the → Forth Bridge
Forth Road Bridge, the → cantilever bridge
　　→ Forth Bridge
fortified bridge → war bridge
foss → causeway
Foster, Norman R. → Millennium Bridge
four-inched bridge … 119
Fowler, John → Forth Bridge
　　→ Grosvenor Railway Bridge
Fox, Charles → Grosvenor Railway Bridge
Frank, T.Peirson → Wandsworth Bridge
frost fair → housed bridge
Fulham Bridge … 212

[G]
Gallox Packhorse Bridge … 46
gap → gap stile
gap stile … 225
gate tower → housed bridge
　　→ Monnow Bridge
　　→ Stirling Bridge
　　→ war bridge
　　→ Warkworth Bridge

gatehouse → war bridge
George, Ernest → Southwark Bridge
Gerber bridge → cantilever bridge
Gerber, Heinrich → cantilever bridge
girder bridge → cable-stayed bridge
　　→ clapper bridge
　　→ history of bridging
　　→ plank bridge
Glastonbury → Bradford-on-Avon Bridge
Glenfinnan Viaduct, the … 180
Gothic Revival New Bridge, the → Bridge of Sighs
Grahame, Kenneth → toll bridge
Great Britannia Tower, the → Britannia Bridge
Great Fire of London, the → housed bridge
Great Stone Gateway, the → housed bridge
Grosvenor Railway Bridge, the … 206
Grumbold, Thomas → Clare College Bridge
Gwynn, John → Blackfriars Bridge

[H]
Halfpenny Bridge → toll bridge
Hammersmith (Suspension) Bridge … 206
hanger → suspension bridge
Hawkshaw, John → Hungerford bridge
Hawksmoor, Nicholas → St.John's College Bridge
Haworth Moor → plank bridge

− 257 −

Haworth Packhorse Bridge ⋯ 47
Hellespont, the → pontoon bridge
Herodotus → pontoon bridge
Hertford College → Bridge of Sighs
High Bridge ⋯ 63
Holland, Henry → Battersea Bridge
Hood, Jacomb → Richmond Railway Bridge
House of Commons, the → Westminster Bridge
House of Lords, the → Lambeth Bridge
Housed Bridge ⋯ 51
Houses of Parliament, the → Lambeth Bridge
→ Westminster Bridge
human sacrifice → chapel bridge
Humber Bridge, the → suspension bridge
humpback(ed) bridge ⋯ 88
Humphreys, George → Lambeth Bridge
Hungerford (Suspension) Bridge, the ⋯ 207
Hungerford Railway Bridge → Hungerford Bridge
Hutchinson, Henry → Bridge of Sighs

[I]
iron bridge → Iron Bridge
Iron Bridge, the → Putney Bridge
Iron Bridge[Ironbridge] ⋯ 94

[J]
Jackson, T.G. → Bridge of Sighs
Jacobite → Eilean Donan Castle Causeway
Jacobite Rising, the → Aberfeldy Bridge
Jacomb, William → Putney Bridge
Jessop, William → Chirk Aqueduct
Johnson, Samuel → Blackfriars Bridge
Jones, Horace → bascule bridge
Jones, Inigo → Wilton Park Bridge

[K]
Kappellbrücke, the ⋯ 124
Karlsbrücke → arch(ed) bridge
→ war bridge
Keble's Bridge ⋯ 21
Kew Bridge ⋯ 209
King Edward Ⅶ Bridge, the → Kew Bridge
King's College Bridge → college bridge
king-post truss → truss bridge
kissing bridge → covered bridge
kissing gate ⋯ 228
Krämer Brücke → housed bridge

[L]
Labelye, Charles → Westminster Bridge
ladder(ed) stile ⋯ 227
Lake District, the → Old Bridge House
→ packhorse bridge
→ Wasdale Packhorse Bridge
Lake Havasu City → housed bridge
Lambeth Bridge ⋯ 210
landscape garden → Audley End House Bridge

→ estate bridge
→ Palladian Bridge at Stourhead
last act of the Union, the → Tweed Valley Viaduct
lift bridge ⋯ 163
lifting bridge → bascule bridge
Locke, Joseph → Barnes Railway Bridge
→ Richmond Railway Bridge
Locomotion No.1 → railway bridge
London Bridge Day → housed bridge
London's Bridges over the Thames ⋯ 198
Lorrain, Claude → estate bridge
Ludlow Castle → Dinham Bridge
Lyric for Kissing Gate → kissing gate

【M】
machicolation → Monnow Bridge
→ war bridge
Malmsmead Bridge ⋯ 85
Marazion → St.Michael's Mount Causeway
Mathematical Bridge ⋯ 153
Maud Heath's Causeway ⋯ 197
Menai Bridge, the → Menai Suspension Bridge
Menai Suspension Bridge, the ⋯ 142
military (road) bridge → Aberfeldy Bridge
→ war bridge
military road → Aberfeldy Bridge
Millennium Bridge, the ⋯ 211
Millennium Project → Hungerford Bridge
Moldaubrücke → arch(ed) bridge
Monmouth Castle → Monnow Bridge
Monnow Bridge ⋯ 73
moor[moorland] → causeway
→ clapper bridge
More, Thomas → housed bridge
Mortlake → Chiswick Bridge
Mother Goose → St.Ives Bridge
Mount's Bay → St.Michael's Mount Causeway
movable[moveable] bridge ⋯ 160
moving bridge → movable bridge
Mylne, Robert → Blackfriars Bridge

【N】
narrow boat → canal aqueduct
→ canal bridge
navigable waterway → canal bridge
New Hungerford Bridge, the → Hungerford Bridge
New Stone Gate, the → housed bridge
Nonesuch House → housed bridge
North British mail train, the → Tay Bridge

【O】
oak → causeway
→ war bridge
Old Bridge → Stirling Bridge
Old Bridge House, the ⋯ 66
Old London Bridge ⋯ 32
→ housed bridge
Old Walton Bridge → Mathematical Bridge

Old Waterloo Bridge → Waterloo Bridge
oratory bridge → chapel bridge
Ordish, Roland M. → Albert Bridge
Ouse Viaduct, the … 181
overbridge → footbridge
overpass → footbridge

【P】
Pack Bridge, the … 86
packhorse → packhorse bridge
packhorse bridge … 40
　→ humpbacked bridge
　→ Malmsmead Bridge
　→ Rotherham Bridge
packhorse convoy → packhorse bridge
packhorse road → packhorse bridge
packhorse track → causeway
　→ packhorse bridge
packhorse train → packhorse bridge
Page, Thomas → Chelsea Bridge
　→ Westminster Bridge
Paine, James → Kew Bridge
　→ Richmond Bridge
Paine, Tom → Wearmouth Bridge
Palladian Bridge → Audley End House Bridge
　→ Wilton Park Bridge
Palladian Bridge at Stourhead, the … 158
Palladio, Andrea → Ponte degli Alpini
parallel wire cable → suspension bridge
parallel wire strand → suspension bridge

park → estate bridge
park bridge … 156
parkland → estate bridge
peat → packhorse bridge
pedestrian bridge → footbridge
pedestrian crossing → footbridge
pedestrian flyover → footbridge
pedestrian river crossing → footbridge
pelican crossing → footbridge
Peter (de) Colechurch → housed bridge
　→ Old London Bridge (第2章)
Phoh Sticks Bridge … 109
pier → arch(ed) bridge
　→ plank bridge
　→ suspension bridge
pig iron → Iron Bridge
pineapple → Lambeth Bridge
Pitt Bridge → Blackfriars Bridge
Pitt, William → Blackfriars Bridge
plank → plank bridge
plank bridge … 113
pointed arch → housed bridge
Pons Sublicius → chapel bridge
Pont d' Avignon → arch(ed) bridge
　→ chapel bridge
Pont (de) Valentré → chapel bridge
　→ war bridge
Pont-Cysylltau Aqueduct, the … 146
Ponte degli Alpini … 124
Ponte Santa Trinita → arch(ed) bridge
Ponte Vecchio, the … 68
　→ arch(ed) bridge
　→ Pulteney Bridge
Pontifex Maximus, the → chapel

bridge
pontoon bridge ⋯ 165
portcullis → Monnow Bridge
　→ war bridge
Portland stone → bascule bridge
　→ Blackfriars Bridge
　→ Chiswick Bridge
　→ Kew Bridge
　→ Waterloo Bridge
　→ Westminster Bridge
Posingford Wood → Pooh Sticks Bridge
Post Bridge ⋯ 18
Poussin, Gaspard → estate bridge
prestressed concrete → History of Bridging
　→ housed bridge
Pritchard, Thomas F. → Iron Bridge
public footpath → footbridge
　→ stiled bridge
Pudsey, Hugh → arch(ed) bridge
Puget Sound → suspension bridge
Pulteney Bridge ⋯ 64
punt → college bridge
punting → college bridge
Purbeck stone → Kew Bridge
Putney Bridge ⋯ 212
Putney Railway Bridge, the → Putney Bridge
pylon → cable-stayed bridge
　→ Menai Suspension Bridge

【Q】
Quebec Bridge → Forth Bridge
queen-post truss → truss bridge
Queens' College → Mathematical Bridge

【R】
railroad bridge → railway bridge
railway bridge ⋯ 166
railway viaduct → viaduct
Regent's Bridge, the → Vauxhall Bridge
reinforced concrete → Twickenham Bridge
Renaissance, the → arch(ed) bridge
　→ History of Bridging
Rennie, John → housed bridge
　→ Southwark Bridge
　→ Waterloo Bridge
rhombic truss → truss bridge
Rialto Bridge ⋯ 69
　→ arch(ed) bridge
rib(bed) arch → arch(ed) bridge
　→ History of Bridging
　→ Warkworth Bridge
Ribblehead Viaduct, the ⋯ 181
Richmond Bridge ⋯ 212
Richmond Railway Bridge, the ⋯ 213
Rickman, Thomas → Bridge of Sighs
right of way, the → stiled bridge
river bridge ⋯ 168
road bridge ⋯ 170
Robertson, Henry → Chirk Aqueduct
rolling bridge ⋯ 163
Roman road → Wade's Causeway
roofed bridge ⋯ 122
Rotherham Bridge ⋯ 34
round arch → arch(ed) bridge
Royal Border Bridge, the → Tweed Valley Viaduct

― 261 ―

Royal Teed Bridge, the → Tweed Valley Viaduct
rung stile → gap stile

【S】
Sackingenbrücke … 124
Sam, Brown → kissing gate
Sankey Brook Canal, the → canal bridge
Scott, Giles G. → Waterloo Bridge
Sea of Marmara, the → pontoon bridge
Second Severn Crossing, the → suspension bridge
see-saw → bascule bridge
segmental arch → arch(ed) bridge
　→ Warkworth Bridge
semicircular arch → Aberfeldy Bridge
　→ arch(ed) bridge
Severn Bridge, the → suspension bridge
shooting the bridge → housed bridge
Shropshire Union Canal, the → Pont-Cysylltau Aqueduct
Sindall, William → Mathematical Bridge
single-leaf bascule bridge → bascule bridge
Skipton Castle → Causeway at Skipton
Sky Bridge, the → toll bridge
Southwark Bridge … 213
Spaghetti Junction → footbridge
span → arch(ed) bridge
　→ Post Bridgee
　→ suspension bridge
　→ Tarr Steps

Springs Canal, the → Causeway at Skipton
squeeze gap → squeeze stile
squeeze stile … 225
St.Bénézet → chapel bridge
St.Ives Bridge … 35
　→ St.Ives Causeway
St.Ives Causeway … 191
St.John College → Bridge of Sighs
St.John's Bridge → St.John's College Bridge
St.John's College Bridge … 154
St.Lawrence River Bridge, the → Britannia Bridge
St.Mary Colechurch → housed bridge
　→ Old London Bridge（第2章）
St.Michael's Mount Causeway … 192
St.Nicholas → Bradford-on-Avon Bridge
　→ chapel bridge
St.Paul's Cathedral → Millennium Bridge
St.Thomas à Becket → Old London Bridge（第2章）
stage coach → war bridge
steel → Iron Bridge
Steinerne Brücke, the → arch(ed) bridge
　→ war bridge
step(ped) stile → wooden stile & stone stile
Stephenson, George → Britannia Bridge
　→ railway bridge
Stephenson, Robert → Britannia

Bridge
→ Conway Suspension Footbridge
→ Tweed Valley Viaduct
stepping stones … 21
Stevenson, George D. → bascule bridge
Stevenson, John → Clachan Bridge
stigel → wooden stile & stone stile
stile → stiled bridge
stiled bridge … 219
Stirling Bridge … 77
Stockton and Darlington Railway, the → Britannia Bridge
Stockton-on-Tees → railway bridge
Stopham Bridge … 86
Stourhead Garden → Palladian Bridge at Stourhead
Strand Bridge, the → Waterloo Bridge
Sumerians, the → History of Bridging
summer house → Old Bridge House
suspension bridge … 135
　→ bascule bridge
　→ Chelsea Suspension Bridge
　→ Hammersmith Suspension Bridge
　→ History of Bridging
　→ Hungerford Suspension Bridge
　→ Lambeth Bridge
　→ Millennium Bridge
Swinford Bridge → toll bridge
swing bridge … 163

【T】
Tacoma Narrows Bridge → suspension bridge
Tarr Steps … 15
Tate Modern, the → Millennium Bridge
Tay Bridge, the … 100
Tay (Road) Bridge, the → Tay Bridge
Tay Bridge disaster, the → Tay Bridge
tea gardens, the → Vauxhall Bridge
Tea House Bridge → Audley End House Bridge
Telford, Thomas → Buildwas Bridge
　→ canal aqueduct
　→ Craigellachie Bridge
　→ Clifton Suspension Bridge
　→ Conway Suspension Footbridge
　→ Dean Bridge
　→ housed bridge
　→ Menai Suspension Bridge
temporary bridge → pontoon bridge
Thomas, W.H. → Putney Bridge
timber beam bridge → History of Bridging
toll bridge … 173
　→ Battersea Bridge
　→ Blackfriars Bridge
　→ Hammersmith Bridge
　→ housed bridge
　→ Hungerford Bridge
　→ Kew Bridge
　→ Lambeth Bridge
　→ Menai Suspension Bridge
　→ Monnow Bridge

→ Putney Bridge
→ Richmond Bridge
→ Southwark Bridge
→ suspension bridge
→ Tay Bridge
→ Vauxhall Bridge
→ Wandsworth Bridge
→ Waterloo Bridge
toll house → Hammersmith Bridge
→ toll bridge
toll road → toll bridge
toll-free bridge → toll bridge
Tolmé, Julian H. → Wandsworth Bridge
Tower Bridge, the → bascule bridge
Town Bridge, the → Bradford-on-Avon Bridge
Town, Ithiel → truss bridge
Tradescant, John → Lambeth Bridge
transporter bridge ⋯ 165
Trinity College Bridge → college bridge
trod → causeway
truss → Mathematical Bridge
→ suspension bridge
truss bridge ⋯ 178
tubular beam → Britannia Bridge
tubular bridge → Britannia Bridge
→ Conway Suspension Footbridge
Tweed Valley Viaduct, the ⋯ 182
Twickenham Bridge ⋯ 214

【U】
University Boat Race, the → Barnes Railway Bridge

→ Chiswick Bridge
→ Hammersmith Bridge
→ Putney Bridge

【V】
Vauxhall Bridge ⋯ 214
Vauxhall Gardens → Vauxhall Bridge
viaduct ⋯ 179
Victoria (Railway) Bridge, the → Grosvenor Railway Bridge
village of packhorse bridge → Winsford Packhorse Bridge
voss → causeway

【W】
Wade's Causeway ⋯ 196
Wakefield Bridge ⋯ 38
Walker, James → Vauxhall Bridge
Wallace, William → housed bridge
→ Stirling Bridge
Waller, Robert J. → Bridges of Madison County
Wandsworth Bridge ⋯ 215
war bridge ⋯ 70
Warkworth Bridge ⋯ 75
Wasdale Packhorse Bridge ⋯ 47
Waterloo Bridge ⋯ 131
watermill → housed bridge
Watt, James → Iron Bridge
Wearmouth Bridge, the ⋯ 97
Webb, John → Wilton Park Bridge
Wellington, Duke of → Waterloo Bridge
Welwyn Viaduct, the ⋯ 183
West Highland Railway, the → Glenfinnan Viaduct

Westminster Bridge … 215
Wheeldale Moor → Wade's Causeway
Whipple, Squire → truss bridge
Whitchurch Bridge → toll bridge
Whitney-on-Wye Bridge → toll bridge
Wiebeking, Karl F. → arch(ed) bridge
Wilkinson, William → college bridge
William Pitt Bridge → Blackfriars Bridge
Wilson, Thomas → Wearmouth Bridge
Wilton Park Bridge … 125
Winch Bridge → suspension bridge

Wind in the Willows, the → toll bridge
Winsford Packhorse Bridge … 50
wire cable → suspension bridge
Wobbly Bridge, the → Millennium Bridge
Wolfe-Barry, John → bascule bridge → Kew Bridge
Wren, Christopher → St.John's College Bridge
wrought iron → Iron Bridge
Wuthering Heights → Haworth Packhorse Bridge

【Z】
zebra crossing → footbridge

あとがき (Postface)

　古往今来、さまざまな水流に果たして幾多の橋が架けられてきたであろうか？自然風色の観点だけから見れば、そこに橋が渡されていなければ、川ともども周囲の丘も森も一層美しい眺めに映ったであろうと惜しまれる場合もあれば、ゴッホの描いた「跳ね橋」のように、橋が風景のいわば 'eye-catcher' となって、その橋がそこにあるからこそ、その景趣に特別な愛着を覚えるということも確かにある。橋はほかの全ての人工物と同様に、功罪相半ばしながら今後も存続して行くことになるのであろう。

　橋に関する1巻の事典を脱稿し終えた今、イギリス滞在中の橋にまつわる思い出は数々想起される。例えば、教会建築や城廓建築についての調査などと比べても、古代の橋の所在はさらに辺鄙なところになるために、そこに行き着くだけでも一苦労であった。しかしながら、山懐深くようやくにして目の当たりにした橋は ── 事前に我がものとしていた情報知識と、あるいはひょっとすると、ある種の憧れに近い気持ちを抱いていたせいか ── 初対面ながら、あたかも長年の知己との出会いのようにも感じられたものであった。今ひとつは、別段の意図もない田園散策の途上で、うねるようにつづいている細道の彼方に、不意に小さな橋の姿を見ようものなら、その古色蒼然たる無名の橋に、たちまちにして足の疲れを癒される思いすらしたものであった。橋は無論のこと渡るものでもあるが、同時に見るものでもあるのである。

　橋に関しては、平成10年3月から11年2月まで『英語教育』（大修館）のグラビアページに、'Bridges in British Heritage'（「イギリスの橋をわたる」）というタイトルで連載したが、その時の7倍もの分量の加筆を経て、さらに新たに書き下ろした章をも併せて、今回の本事典の上梓となった次第である。

　掲載した写真・イラストは著者自身の手になるものもあるが、ほかは全て下記の方々のご好意によるものである。ここに厚く御礼申し上げる次第である。特に、

武蔵野美術大学でデザインを専攻された大谷恵美子氏は、ご多忙の身ながら著者の依頼に応じて、短時日のうちに10点もの細密なイラストを仕上げて下さった。そのご助力に対し深い感謝を捧げるものである。

　著者の前著『イギリス紅茶事典』に引きつづいて、再びこのような形で本事典を世に問う機会を得ることができたのは、偏に日外アソシエーツ株式会社社長の大高利夫氏のお陰である。本事典の執筆に深いご理解を示され、出版をご快諾下さったばかりではなく、激励に加えて広範囲に亙る貴重なご助言まで下さった氏に、衷心より感謝申し上げるものである。

　また、編集に校正という真に煩瑣な事典の制作から発行に至るまで、全ての面におけるご尽力はいうに及ばず、執筆に際しての極めて有益なご意見と同時に、著者の意向への寛容なるご配慮を下さった編集局の尾崎稔氏、並びに、制作に当たり拙稿につぶさに目を通され校正の徹底を期すのみならず、文章表現についても的確なご指摘を下さった上で、図版の組み方にも細心の注意を払われた編集局の寺沢静恵氏、また、前著に変わらず、発行に向けて常に励ましのお言葉を下さった営業課の青木竜馬氏に対しても、深く感謝申し上げるものである。

　なお、執筆に当たって正確を期すための著者の照会状に、わざわざイギリスからご丁寧な返書を下さった方々——スキプトンのコーズウェイのことでは、ツーリスト・インフォメーション・センターのC. E. Metcalfe氏、ウィッケン・フェンの板道に関しては、ナショナル・トラストのPhilip Broadbent-Yale氏、ロザラムの礼拝堂橋については、ライブラリー・＆インフォメーション・サーヴィスのAlan Crosland氏、並びに、ウェイクフィールドの礼拝堂橋では、ツーリスト・インフォメーション・センターのL. Cunningham氏——に対しても、ここにお名前だけでも記して御礼の気持ちの一端を表したい。

　最後に、著者の依頼に応じて必要とする参考図書類を検索し、他大学の図書館から取り寄せるなどのことでもご助力を惜しまずに尽くして下さった東洋学園大学図書館の司書の方々、並びに、インターネットの活用技術上で懇切丁寧なアド

バイスを下さったメディアセンターの大熊淳一氏に対しても、末筆ながら厚く謝意を表するものである。

2004年10月13日

三 谷 康 之

写真・イラスト提供者(数字は掲載した写真・イラストの通し番号を示す)
  大谷恵美子氏: 66, 79, 115, 135, 139, 149
  工藤みゆき氏: 173
  芹沢 栄氏: 112
  蛭川久康氏: 167, 168, 169, 170, 171, 175, 179
  英国政府観光庁: 13, 76, 78, 108, 111, 116, 117, 119, 120, 122, 153, 155, 195
  著者: 1, 2, 3, 4, 5, 6, 7, 8, 9, 10, 12, 17, 18, 19, 20, 24, 25, 26, 27, 28, 29, 31, 32, 33, 34, 42, 43, 44, 45, 47, 48, 49, 50, 51, 52, 53, 54, 58, 59, 60, 61, 62, 63, 64, 65, 67, 68, 69, 73, 74, 82, 83, 84, 85, 86, 87, 88, 89, 90, 91, 92, 93, 94, 96, 97, 98, 99, 100, 101, 102, 103, 104, 105, 109, 110, 113, 114, 121, 123, 124, 126, 127, 128, 129, 130, 131, 132, 133, 134, 136, 137, 138, 140, 141, 142, 143, 144, 145, 146, 148, 150, 151, 152, 156, 157, 158, 159, 160, 161, 162, 163, 164, 165, 166, 174, 176, 180, 181, 182, 183, 184, 185, 186, 187, 188, 189, 190, 191, 192, 193, 194, 196, 197, 198, 200

他から転載した写真・イラストなど
  Post Card: 11, 15, 16, 21, 30, 40, 55, 56, 57, 70, 71, 72, 75, 77, 81, 95, 106, 154
  その他: 14, 22, 23, 35, 36, 37, 38, 39, 41, 46, 80, 107, 118, 125, 147, 172, 177, 178, 199

著者紹介

三谷 康之（みたに・やすゆき）
東洋学園大学現代経営学部教授。1941年生まれ。埼玉大学教養学部イギリス文化課程卒業。成城学園高等学校教諭、東洋女子短期大学英語英文科教授を経て、2002年より現職。
1975～76年まで英文学の背景の研究調査のためイギリスおよびヨーロッパにてフィールド・ワーク。1994～95年までケンブリッジ大学客員研究員。

主要著書
＜単著＞
『事典 英文学の背景 —— 住宅・教会・橋』（1991年、凱風社）
『事典 英文学の背景 —— 城郭・武具・騎士』（1992年、凱風社）
『事典 英文学の背景 —— 田園・自然』（1994年、凱風社）
『イギリス観察学入門』（1996年、丸善ライブラリー）
『イギリスの窓文化』（1996年、開文社出版）
『童話の国イギリス』（1997年、PHP研究所）
『イギリスを語る映画』（2000年、スクリーンプレイ出版）
『イギリス紅茶事典 —— 文学にみる食文化』（2002年、日外アソシエーツ）
＜共著＞
『キープ —— 写真で見る英語百科』（1992年、研究社）
『現代英米情報辞典』（2000年、研究社出版）

事典・イギリスの橋
－英文学の背景としての橋と文化－

2004年11月25日　第1刷発行

著　者／三谷康之
発行者／大高利夫
発　行／日外アソシエーツ株式会社
　　　　〒143-8550 東京都大田区大森北1-23-8 第3下川ビル
　　　　電話(03)3763-5241(代表)　FAX(03)3764-0845
　　　　URL http://www.nichigai.co.jp/

　　　　©MITANI Yasuyuki 2004
　　　　電算漢字処理／日外アソシエーツ株式会社
　　　　印刷・製本／光写真印刷株式会社
　　　　装　丁／赤田麻衣子

不許複製・禁無断転載　　　　《中性紙H-三菱書籍用紙イエロー使用》
〈落丁・乱丁本はお取り替えいたします〉

ISBN4-8169-1877-9　　　　Printed in Japan, 2004

「異文化の翻訳」関連図書

事典・イギリスの橋 ──英文学の背景としての橋と文化
三谷 康之 著　A5・280頁　定価6,930円（本体6,600円）　2004.11刊
英文学の舞台となった各地の「橋」を原文を引用して紹介し、背景を詳説。

イギリス紅茶事典 ──文学にみる食文化
三谷 康之 著　A5・270頁　定価6,930円（本体6,600円）　2002.5刊
「紅茶」から英文学の文化的背景を詳しく解説。写真、イラスト多数掲載。

だましの文化史 ──作り話の動機と真実
ゴードン・スタイン編著　四六判・490頁　定価2,940円（本体2,800円）　2000.1刊
ノストラダムスの予言から空中浮揚まで、人々をだまし続ける作り話を一挙公開。

英和翻訳の原理・技法
中村 保男 著　A5・280頁　定価3,990円（本体3,800円）　2003.3刊
著者の半世紀にわたる経験から得られた翻訳理論・実践技法を伝授。

翻訳とは何か ──職業としての翻訳
山岡 洋一 著　四六判・290頁　定価1,680円（本体1,600円）　2001.8刊
真の翻訳とは何か──当代一流の翻訳者が、翻訳文化論を展開。

翻訳力錬成テキストブック ──柴田メソッドによる英語読解
柴田 耕太郎 著　A5・680頁　定価10,290円（本体9,800円）　2004.4刊
翻訳の実力養成と訓練に最適な100課題を収録した、実践的テキスト。

●お問い合わせ・資料請求は…　データベースカンパニー　日外アソシエーツ
〒143-8550　東京都大田区大森北1-23-8
TEL.(03)3763-5241　FAX.(03)3764-0845
ホームページ http://www.nichigai.co.jp/